机器学习与计算思维

杨　娟　编著

科 学 出 版 社

北　京

内 容 简 介

2017年，国务院印发《新一代人工智能发展规划》，要求中小学开设人工智能相关课程，并提倡以计算思维为指导，将信息技术课程从技术导向转换为科学导向。因此，“机器学习”作为人工智能技术的内核，走入我国广大中小学生的课堂是科技发展的必然选择。

本书共11章，系统地介绍机器学习模型中常见的白盒和黑盒模型，以及这些模型统一的框架和经常被使用的技巧。本书介绍了这些技巧是如何被巧妙地封装成一种通用方法，并在适当的时候被反复使用。从框架到思路，再到解决问题的技巧，以及技巧的封装和重用，这些都是塑造良好计算思维的必经之路。

本书适合高等师范院校现代教育技术专业研究生及开设“人工智能”课程的大、中、小学的教师阅读参考。

图书在版编目(CIP)数据

机器学习与计算思维 / 杨娟编著. —北京：科学出版社，2023.2
(2024.1 重印)
ISBN 978-7-03-074518-7

Ⅰ. ①机… Ⅱ. ①杨… Ⅲ. ①机器学习-算法 Ⅳ. ①TP181

中国版本图书馆 CIP 数据核字（2022）第 253073 号

责任编辑：莫永国 / 责任校对：彭 映
责任印制：罗 科 / 封面设计：墨创文化

科 学 出 版 社 出版
北京东黄城根北街16号
邮政编码：100717
http://www.sciencep.com

四川煤田地质制图印务有限责任公司印刷
科学出版社发行 各地新华书店经销
*
2023年2月第 一 版 开本：787×1092 1/16
2024年1月第二次印刷 印张：10 1/4
字数：240 000

定价：49.00 元

（如有印装质量问题，我社负责调换）

前　　言

机器学习模型根据其学习方式可分为有监督学习模型和无监督学习模型，如图 0-1 所示。按照模型理解程度的难易(或者模型内部的透明程度)，机器学习模型可以分为白盒模型和黑盒模型两大类，白盒模型主要包含广义线性模型、K 近邻(K-nearest neighbor，KNN)模型、K 均值(K-means)模型、模糊 C 均值(fuzzy C-means，FCM)模型、朴素贝叶斯模型、决策树与随机森林模型等；黑盒模型则主要指神经网络模型与支持向量机(support vector machine，SVM)模型。按照模型用途来分，机器学习模型则主要分为分类、回归和聚类三大类。有些模型只能用以实现分类，如 SVM 模型；有些模型则只能实现回归，如简单线性模型；另一些模型则只能用于聚类，如 K-means 模型；当然也有一些模型既可以用于分类，也可以用于回归，如 KNN 模型和决策树模型。

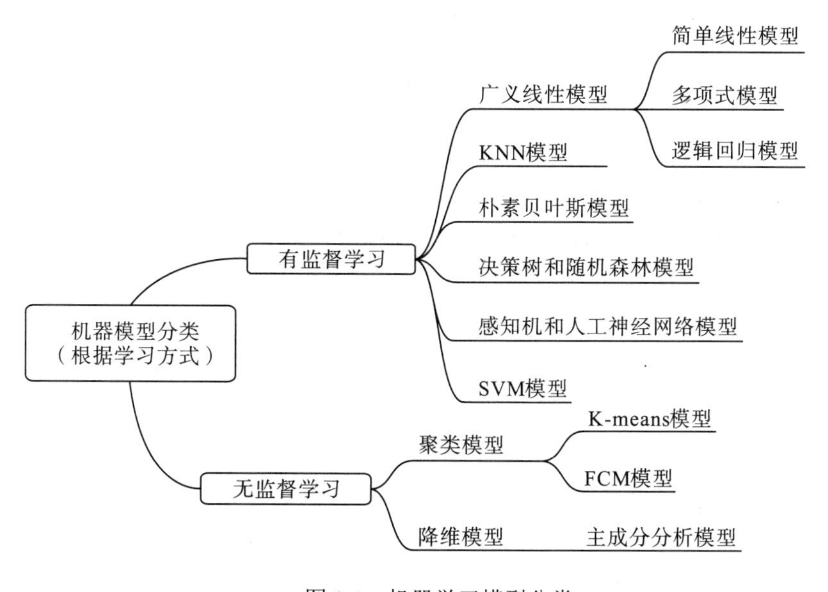

图 0-1　机器学习模型分类

模型的分类并不是绝对的，只是根据模型自身的特点对其做了一些总结，使得模型更容易被理解，从而被更好更有效地使用。因此，本书的主要目的还是对模型本身所涉及的计算思维进行深度解读，读者通过学习本书，不仅可以将机器学习模型用于实际的程序开发中，还可以将相关理论迁移到其他领域，如拓展日常生活中遇到的实际问题的解决思路。本书主要按照模型底层的复杂程度以及相似程度来进行结构安排，具体如下所示。

第 1 章，人工智能与计算思维。本章主要介绍人工智能研究的问题域和涉及的技术范围、人工智能与机器学习之间的关系，以及机器学习所传递的最基本的计算思维。

第 2 章，机器学习理论基础。本章主要介绍机器学习的一些基本概念、实现机器学习的数据预处理方法和技巧、机器学习模型使用基本流程以及 Python 的机器学习库 Scikit-learn（sklearn）的安装。

第 3 章，线性回归模型。本章介绍简单线性回归(simple linear regression)模型和多元线性回归(multiple linear regression)模型，以及线性回归模型的一种特征形式——多项式回归。

第 4 章，逻辑回归模型。本章介绍一种广义线性模型——逻辑回归(logistic regression)模型。逻辑回归的本质依然是线性拟合，但是因为对特征的线性组合做了 sigmoid 处理，因此逻辑回归中引入了非线性因素。

第 5 章，KNN 分类和回归。本章介绍一种截然不同的分类和回归模型——KNN 模型，这是一种不带参数的模型，在很多文献中它又被称为惰性模型。

第 6 章，朴素贝叶斯。本章介绍如何使用经验数据，在给定特征值的前提下计算一个样本属于不同类别的概率。它的核心数学模型——贝叶斯概率公式，运用的计算思维是根据观察在经验数据样本集中，待分类样本的各个特征值在不同类别中出现的概率，然后综合计算这些特征联合出现在某种分类中的概率。

第 7 章，决策树和随机森林。决策树是一种最常用的基于归纳推理的机器学习白盒方法。决策树用于对离散值目标进行预测，其学习过程就是一棵决策树。学习的结果是多条“因为-所以”的规则。

第 8 章，感知器和人工神经网络 ANN。本章介绍神经网络的起源、感知器、多层感知器(multilayer perceptron，MLP)及经典的基于反传(back propagating，BP)算法的多层感知器，也就是人工神经网络(artificial neural network，ANN)。

第 9 章，支持向量机。本章介绍一种黑盒分类器——支持向量机(SVM)，包括 SVM 的基本原理、模型的对偶形式以及 SVM 中常用的核技巧。

第 10 章，聚类。聚类方法不仅广泛应用于数据的组织与分类，而且还可以用于模型构造。本章介绍两种常用的聚类算法：K-means 算法和 FCM 算法。

第 11 章，主成分分析(principal component analysis，PCA)降维。主成分分析(PCA)，是一种使用最广泛的数据降维算法。PCA 的主要思想是将 n 维特征映射到 k 维上(通常 $n \gg k$)，k 维特征是全新的正交特征，也被称为主成分，可以被认为是影响数据分类的主要影响因素，因此 PCA 降维主要起揭示事物本质、简化复杂问题的作用。

需要说明的是，本书相关代码及相关电子课件请参见网址：https://ebook.sciencepeditor.com/rs/978-7-03-074518-7/index.html。

目　　录

第1章　人工智能与计算思维

1.1　人 工 智 能

人工智能(artificial intelligence，AI)，就是研究和设计具有智能行为的计算机程序，使其如同具有智能行为的人或动物一样去执行任务。因为其初衷是希望机器能够模拟人的行为，因此它最初是综合了计算机科学、数学、信息论、神经学、心理学等多种学科的一门跨领域学科。这种“机器学习人”的正向思维影响了人工智能最初几十年的发展方向。1956年，麦卡锡(J. McCarthy，达特茅斯学院数学助理教授)、明斯基(M. L. Minsky，哈佛大学数学与神经学初级研究员)、罗切斯特(N. Rochester，IBM信息研究经理)和香农(C.E. Shannon，贝尔电话实验室数学家)发起了著名的达特茅斯会议，会议研讨的主题是如何让机器具有类人的智力和行为能力，此时距离第一台电子计算机诞生仅有10年。达特茅斯会议的议题涉及自动计算机、为计算机编程使其能够使用语言、机器自我改造、抽象以及随机性与创造性等主题，会议上首次提出了“人工智能”。

在这次会议以后，人工智能开始了漫长的探索期，什么样的系统才具有智能？著名的计算机科学家图灵提出了“图灵测试”(Turing testing)来判断一台计算机是否具有智能：即一个人在不接触对方(一台计算机)的情况下，通过一种特殊的方式，和对方进行一系列的问答，如果在相当长时间内，他无法根据这些问题判断对方是人还是计算机，那么，就可以认为这台计算机具有同人相当的智力，即这台计算机是能思维的。

要分辨一个想法是“自创”的思想还是精心设计的“模仿”是非常难的，任何自创思想的证据都可以被否决。图灵试图解决长久以来关于如何定义思考的哲学争论，他提出一个虽然主观但可操作的标准：如果一台计算机表现(act)、反应(react)和互相作用(interact)都和有意识的个体一样，那么它就应该被认为是有意识的。

图灵采用“问”与“答”模式，即观察者通过控制打字机与两个测试对象通话，其中一个是人，另一个是机器。观察者不断提出各种问题，从而辨别回答者是人还是机器。例如，

问：请写出有关“第四号桥”主题的十四行诗。

答：不要问我这道题，我从来不会写诗。

问：34957加70764等于多少？

答：(停30秒后)105721。

要对这些问题做出回答，无论答案是什么，都要能够欺骗提问者的逻辑思考系统，其中涉及几个基本的技术难点：第一，语义理解，即提问者问题中的语义是什么，到底问题想要问的是什么？第二，知识表达，机器要将提问者提出的问题以适当的形式表达并存储

起来，以进行下一步的处理；第三，检索，即便机器能够马上识别问题，此时也需要从解空间中找到一个“最优”的回答；第四，计算机的处理时间，如果对方是人，就算脑子不太灵光，其思考时间也不会太长，可以回答“不知道”，可以回答“不想思考了”，但是不会考虑了 10 分钟仍然还在思考。因此可以看出，要做出一个可以欺骗人的类人的回答，实际上涉及的技术难点是非常多的。从“图灵测试”也可以看出为什么人工智能领域会设定知识建模及表达、启发式搜索解空间、推理方法、智能系统结构和语言、机器学习等多个研究方向为其核心研究内容。如果能把这些核心问题攻克了，“图灵测试”也就失效了。

然而，除了上述提到的几个基础技术难点，问题本身的设计以及问题所使用的语言都会使机器的反应能力产生较大的差异。例如，使用中文进行提问，对机器的逻辑处理能力要求更高。

中国队大败了美国队吗？

中国队大胜了美国队吗？

一字之差，且两个字是反义词，但是其含义却是一致的。这种强二义性的语言理解对机器提出了更高的要求，即机器需要理解上下文。那么，如果机器掌握了上下文，就一定能够通过“图灵测试”吗？如果给予足够多的数据学习上下文的环境，那么机器是不是就可以通过“图灵测试”了呢？按照图灵对“智能”的描述：如果机器在某些现实的条件下，能够非常好地模仿人回答问题，以至于提问者在相当长时间里误认为它不是机器，那么机器就可以被认为是能够思维的。所以，如果提问者是固定的，机器通过“图灵测试”是完全可能的。

但是实际上人类本身的彼此间交互模式也在进行着演化，新技术带来的新的社会交互模式，必然会产生更多的上下文背景，以及群体性文化。也许十年前无厘头的回答在今天却显得合情合理；如果被测试者是老年人，他无法理解关于年轻人的问题，也可能会被当成计算机。因此，计算机持续的学习能力才是人工智能的核心。

1.2 机器学习

从 20 世纪 50 年代到 21 世纪初，围绕“图灵测试”，人工智能的研究领域主要涵盖了知识建模及表达、启发式搜索解空间、推理方法、智能系统结构和语言、机器学习等多个研究方向，试图在其中找到一条可以通往机器模拟人脑思维和行为的可行路径。直到 2006 年，“神经网络之父”“深度学习鼻祖”——杰费里·辛顿(Geoffrey Hinton)在 *Science*《科学》上发表了一篇石破天惊的学术论文 *Reducing the Dimensionality of Data with Neural Networks*，论文提到了如何使用玻尔兹曼机改进反传人工神经网络，使其具有深度学习的能力(Hinton and Salakhutdinov，2006)。此后，机器学习便在人工智能领域奠定了主力地位。

在数据工程和计算能力的突破下，AI 的任务实际上大部分已经可以通过机器学习来完成。例如，在传统的人工智能研究领域，博弈(game playing)问题已经得以解决，我们不再困扰于如何从无穷无尽的解空间中搜索出正确答案，也不再困扰于搜索路径过长会导致计算崩溃的问题，因为基于大数据的深度学习网络已经可以帮助计算机提前建立好各种应对模型，即使是世界顶级职业围棋棋手在面对阿尔法围棋(AlphaGo)时，也会败下阵来。

机器学习，顾名思义，是计算机进行学习的行为，与人类高阶学习的定义不同，机器学习通常只是低阶的学习，机器需要学会识别。例如，需要识别哪一个是垃圾桶，需要识别哪一个人是手机的主人，需要识别披萨的价格是定高了还是定低了，需要识别未来股市的走势，需要识别风险等级，需要识别各种解决问题的套路和模式。但是机器完成识别任务不能是凭空产生的，机器需要从经验中学习，以实现上述目标。

我们经常为这种现象感到困惑——强大的第六感，总感觉某件事有些不对劲，然后事实证明，我们的判断是对的，是我们真的有第六感吗？英国侦探小说家阿加莎•克里斯蒂曾经在《ABC 谋杀案》一书里这样形容人的直觉：所谓直觉，不过是人的经验的反映。也就是说，我们所谓的感觉，是对周围环境某些特征的感知，虽然我们意识不到这些特征是什么，但是它们是这些不对劲事件的关键表达。实际上，你只要想想为什么我们能在微秒级完成迎面走来之人的人脸识别，就能理解特征与识别任务之间的关系了。我们之所以能够快速地识别人脸，是因为我们从小到大经历了无数次的人脸识别学习，在脑海里已经形成一个稳定的识别模型，如果模型的参数不发生改变(光线强弱、人脸角度等)，我们就不需要对模型进行进一步处理，只需要将人脸特征快速地放入系统中去识别一下，就能够完成人脸识别任务了。

而更多复杂的任务，则是由无数这样的底层任务组合起来的，如果每个底层任务都能够快速地被完成，那么整体任务的完成时间也会缩短。人在学习过程中，会通过不断训练底层特征提取(以提高识别的效率)，来达到更复杂任务的特征组合——识别。机器学习基本上也是遵循这样的过程，在经验数据中获得数据的特征，训练模型，使其对这些特征敏感，进而可以识别以这些特征为代表的数据本身。如同人一样，有些特征你能给它命名，有些特征，你根本无法解释到底是什么，就像是我们的直觉感知到的信息一样。

特征与机器学习模型的关系如图 1-1 所示，其中特征空间里的特征 1～特征 n 指的是可以描述数据的不同角度，也可以是数据的不同属性。例如，在描述一个杯子的时候，可以通过“产地”“材质”“容量”“是否保温”“是否有盖子”“盖子是否可密闭”等属性来描述这个杯子，这些属性是每个杯子都有的特征项，而属性的值则是识别杯子的主要特征。这些特征被称为结构化特征，即这些特征代表具体的意义，可以被人类认知所理解。而有一些特征则是无法结构化的，这些特征也能对某个对象的识别产生关键性影响，但是却很难用语言来描述这些特征代表着什么意义。

图 1-1 中的机器学习模型是用来处理特征值的。机器学习模型将这些输入特征通过对应数学公式进行转换，从而将特征值与结果关联起来。这些数学模型可以是白盒的，即可以看到数据的逐步变化过程，可以清晰地看到特征数据是怎么影响结果变化的；这些数学模型也可以是黑盒的，即数据的变化是非线性的，数据经过各种变换，也能和结果关联起来。无论模型是黑盒的还是白盒的，它只起一个作用，即将特征数据和任务结果映射起来。

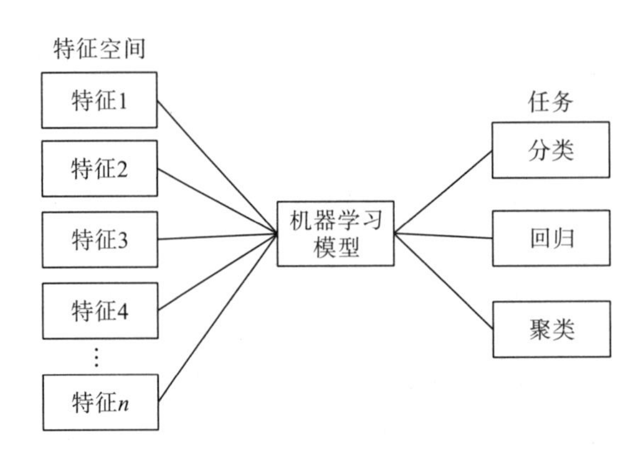

图 1-1　特征与机器学习模型的关系

任务分为 3 类，分别是分类、回归和聚类。实际上，这 3 类任务覆盖了前文提到的机器能够完成的各种识别任务。分类指的是能够对样本做简单的区分，回归指的是能够对某个目标值作推断，而聚类则指的是在未知的情况下，发现各种可能存在的模式。

此时，再来理解机器学习就更加容易了，我们来回答 3 个问题：

①机器从哪里学？

②学了什么？

③机器学会了以后打算怎么用？

我们用一个例子来回答这 3 个问题。假设，需要购买一个 1.5 升的保温水杯，可是我们也知道不同品牌不同产地的水杯，价格是怎么样的。所以，希望通过计算机来帮我们推断一下自己心仪杯子的价格。目前，经验数据就是我们已经知道的 5 个水杯的各种相关信息，如表 1-1 所示。这个时候，我们可以回答第一个问题，即机器要做价格预测，需要从哪里学习？前面提到，人工智能是从经验数据中学习，所以这里的机器学习也是从已经知道的 5 个水杯的信息中去提取有用的知识。“产地”“材质”“容量”“是否保温”“是否有盖子”“盖子是否可密闭”是 6 项特征，而预测价格则是机器学习模型的任务。

表 1-1　杯子的属性

样本 ID	产地	材质	容量/L	是否保温	是否有盖子	盖子是否可密闭	价格/元
1	中国	陶瓷	0.3	否	否	否	20
2	中国	金属	1.0	是	是	是	60
3	日本	金属	1.5	是	是	是	98
4	德国	金属	2.0	是	是	是	102
5	日本	陶瓷	0.2	否	否	否	85
—	日本	金属	1.2	是	是	是	?

那么机器学到了什么呢？实际上，要得到一个预测的价格，首先需要将经验数据输入模型中，然后让模型的参数从未知变为某个确定值；接着，在这个确定值的基础上，再输

入需预测价格的杯子的“产地”“材质信息”“容量”等信息，就可以预测其价格了，这个过程叫作模型的训练。获得稳定参数的模型叫作已经学习好了的模型，它在经验数据的特征值和其结果之间建立了相对稳定的映射关系(图 1-2)。

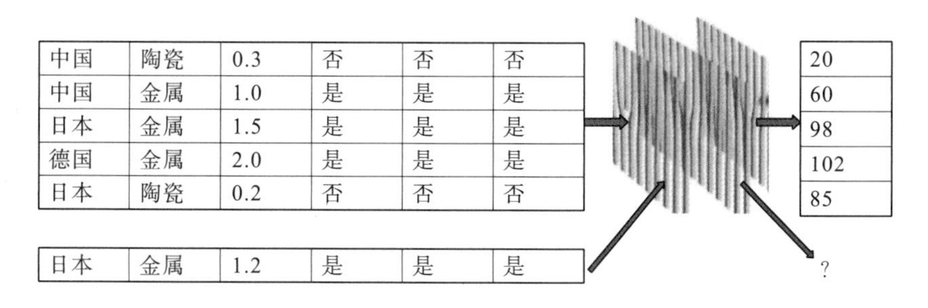

图 1-2　已知数据、未知测试数据与模型的关系

再回到第三个问题，学习好了的模型有什么用呢？如前所述，当已知一个杯子的所有特征值后，将这些特征值输入模型中，模型会通过输入值与已有参数值，产生一个输出，这个输出就是对未知杯子的价格预测了。

机器学习的过程并不如我们想象得那么复杂，步骤很简单，首先需要把经验数据整理成特征形式，这个过程叫作数据预处理。例如，“是否保温”这个特征的值不能是文字的“是”还是“否”，必须是机器能够处理的形式，我们可以用二进制的“0”和“1”来表示“是”和“否”这两种状态；又比如，将一幅 100 万像素的图片转换成特征值时，可以生成一个 100 万维的向量，其中每个向量值代表的是一个像素点的颜色信息，这个信息可以是 256 种颜色中的一种，那么这张图片的特征就是 100 万个[0,255]的十进制数字。

要选择适当的模型来产生输出，输出的任务类型各不相同，有分类任务，有回归任务，也有聚类任务。其中，分类任务和回归任务都必须通过有监督学习(supervised learning)来实现，而聚类则可以通过无监督学习(unsupervised learning)来实现。上面预测杯子价格的任务，就是一个典型的回归任务。当然，当我们把机器学习的任务换成预测水杯是否能保温时，输出就变成了分类任务。聚类指的是在不知道样本间有什么关系的前提下，进行自主分类，看哪种情况下不同类别中的样本之间关联紧密，而类别之间的差距却很大，这是在经验数据本身也不知道对应的结果应该是什么的时候才进行的工作。这时，可能会产生疑问：都不知道对不对，就进行学习，有用吗？实际上，现实生活中，我们能理解和发现的规律和模式是非常少的，很多时候我们很难用肉眼发现一些潜在的特征和规律。这时，我们需要使用无监督学习来帮助我们发现这些潜在的特征。例如，为一个产品发现客户群体，可以使用聚类；而各种社交软件的精准推送，也是通过聚类来实现的，也就是说和你有相同爱好的人群会和你看到类似的信息，而和你不在一个聚类的人，则不会收到这些推送。

1.3 机器学习中的计算思维

2006 年 3 月，美国卡内基 • 梅隆大学计算机科学系主任周以真(Jeannette M. Wing)教授在 *Communications of the ACM* 上发表论文，将“计算思维”(computational thinking)定义为：运用计算机科学的基础概念进行问题求解、系统设计，以及人类行为理解等涵盖计算机科学之广度的一系列思维活动(Wing，2006)。实际上，计算思维是非常繁复的一套思维方式，它涉及数学建模、运筹、规划、模块化等一系列基本方法，这些基本方法衍生出来的解决问题的方式又非常灵活，因此很难对计算思维进行一个准确的描述，任何一个学习了离散数学、线性代数、概率论、数据结构、面向对象程序开发等一系列课程的人会发现，计算思维会深入到生活的点点滴滴，会影响我们整个的生活模式。

很多有计算思维的人，会不自觉地将文件整理归类。整理好的文件中，自己最常用的文件其点开的路径是最短的，因为可以保证打开时间最短，如果一段时间内反复打开，那么累计节省的时间是非常可观的。这实际上是对哈夫曼树编码规则的迁移应用。文件的分类，一定是以启发式线索为引导的，保证自己即使在忘记了文件名时，也可以根据文件属性快速地定位到这个文件可能所在的文件夹。

有计算思维的人，出门办事一定会规划路径，什么样的路径可以保证用最短的路径(最少的时间)完成最多的事。有计算思维的人，一定会在给下属布置工作的时候清楚描述工作的任务边界，任务需要的数据需要从哪里获得，任务的产出形式应该是什么样的，负责任的领导人甚至还会亲自描绘任务产出的基本形式，以保证任务在完成过程中不会荒腔走板。实际上，计算思维是一种惯性思维，是在严谨的计算机解决任务的世界里养成的一种习惯，是对计算机高效完成任务的不插电模拟和迁移应用。将这些算法、方法和标准化过程运用在日常生活中，可以极大地提高生活效率，节省生活成本。

除此之外，计算思维还具有通用性，计算机科学中解决问题的方法和模型都是具有通用功能的，解决的是一类问题。以小学数学中的“鸡兔同笼”问题为例，现已知有鸡兔的头 8 个、鸡兔的腿 30 条，那么请问鸡有多少只？兔有多少只？一般采用“抬腿法”来解决问题，但题目如果换成有 31 个人需要乘车，有 7 座车和 5 座车两类车，总共有 5 辆车，问 7 座车有几辆，5 座车有几辆？又该如何使用“抬腿法”呢？不仅如此，就目前给出的数学解决方案来看，实际上都是在假设一定有答案的前提下来求解的，然而很多问题并非一定有准确答案。我们看看用计算思维应该怎么解决这类问题，这类问题可以通过迭代来求解。以上述“鸡兔同笼”问题为例，即先给鸡兔假设一个随机数。例如，鸡有 4 只，兔有 4 只，累加腿的条数，结果有 $4\times2+4\times4=24$(条)，腿的条数少于题目给的条数，这时说明兔子的数量少了，鸡的数量多了，那么这个时候减少鸡的数量，增加兔子的数量，第一次选择调整的步长为 1，鸡减少到 3 只，兔子增加到 5 只，此时腿的数量为 $3\times2+5\times4=26$(条)，腿依然少了。这时，按这个方向继续调整鸡和兔的数量，只是这一次把步长调大，变为 2，可看出鸡有 1 只，兔子有 7 只，腿数为 $1\times2+7\times4=30$(条)，刚好和腿的数量相等。

机器学习模型，本质上是发现特征的规律和模式，也是可以进行不插电模拟的，对模型进行反复不插电模拟，更深入地了解数据规律和模型形成的原因，可以形成特有的对真实世界的直觉。有了这种直觉，当不同问题出现在你面前时，你可以更准确地发现问题间的相同特征和不同特征，继而找到解决问题的方案。机器学习模型的不插电模拟，是对普通计算思维的一个高阶延伸。

以表 1-1 为例，具有高阶计算思维的人，看一眼表就会发现，需要预测价格的水杯其价格一定是不便宜的，因为它的产地是日本，而经验数据告诉我们，产地与水杯价格呈线性回归的关系。这就是长期对机器学习模型进行不插电模拟所形成的直觉，我们不需要去精心计算水杯的价格，只需要通过经验数据，就能看出产地是影响价格的关键特征。类似的例子还有很多，但是这需要反复的、大量的不插电模拟，才能获得这些对客观世界的直觉。再以上述 7 座车和 5 座车问题为例，如果有 30 个人需要乘车，那么 7 座车要几辆，5 座车要几辆才能保证用车数最少呢？这个时候我们发现，无论用什么方法计算，7 座车和 5 座车都无法准确刚好等于 30 个座位，但是只有派出 3 辆 7 座车，2 辆 5 座车，才能保证用车数量最少，同时容纳 30 人。因为如前所述，其实很多问题并非有准确解。这个时候我们只能给出近似最优解。这是高阶计算思维的另一个好处，不必处处求得“最优”解，在不完美中找到一个“次优”解，已经能解决大问题了。

实际上，高阶计算思维的好处当然不是三言两语就能说清楚的，但结合机器学习的原理和本质，可以总结出机器学习模型的不插电模拟可以培养如下的高阶计算思维能力：

①学会使用迭代来逐渐优化目标；

②学会用概率来做选择，勇于突破性地尝试未知选择，从而跳出局部最优；

③学会近似最优解思维，并能对多种解决问题的方案进行横向和纵向的比较；

④学会在收益和付出(代价)之间做平衡，避免极端思维。

本书中接下来的章节将为大家详细介绍如何通过不插电地模拟各种机器学习模型来训练高阶计算思维能力。

1.4　本 章 小 结

本章介绍了人工智能与机器学习的关系，以及机器学习对训练高阶计算思维有什么样的帮助。接下来的章节将会从计算思维所需要了解的基础概念及思维方式入手，逐渐引入机器学习中的常见模型、设计原理及其所代表的问题处理模式。

课后练习

1. 人工智能的本质是什么，日常生活中有真正的人工智能吗？
2. 什么是机器学习，它与人工智能的关系是什么？
3. 计算思维与不插电计算的关系是什么？

第 2 章　机器学习理论基础

本章主要介绍机器学习的一些基本概念、实现机器学习的数据预处理方法和技巧、机器学习模型使用基本流程，以及 Python 的机器学习库 scikit learn 的安装。

2.1　数　据　集

经验数据在机器学习中被称为数据集(data set)。这些由观测值组成的数据集通常也被称为样本。数据集的子集，如果是用于训练模型、获取参数的，这个子集被称作训练集(training dataset)；与之相对的，是测试集(testing dataset)，也是数据集的一个子集，是用来测试模型效果的数据集。一般来说，机器学习会将 70%～80%的数据用来做训练，剩余的部分用来做测试。

实际上，从对训练集和测试集的描述来看，无论是训练集还是测试集，均是已有数据集合的一部分，是具备已有数据的特征的。如果想要对一个完全陌生的样本进行识别，需要看已有的经验数据是否覆盖所有未知样本的特征。在数据样本量较小的时候，即使采样是随机的，仍然不能避免经验数据带有偏差(bias)，但是如果经验数据量很大，能够覆盖所有领域的数据的偏差，那么就能够做到真正的特征学习。

举一个例子，如果想要对一个 12 岁孩子的学习成绩做预测，我们采集的经验数据均来自国内某个省的某个市，那么这个时候，一个美国 12 岁孩子的数据，导入到这个模型中，必然会引起模型的剧烈波动，因为经验数据无法覆盖美国孩子的特征。这就是经验数据的偏差问题。

2.1.1　描述空间、属性、特征和维度

将概念 C 看作一个数据集想要表达的最终目标。描述空间是与已知经验数据所描述的概念集合的紧凑表达，即可以用描述空间来将某个概念映射起来。实际上，概念空间在日常生活中也经常会用到。例如，我们通常会觉得某个人很面熟，但是却不记得他的名字，这个时候我们会绞尽脑汁地去想关于这张面孔的所有相关信息(构建概念空间)，在哪里见过？说过什么话？周围是什么样的环境？遇见他的时候是早上还是晚上？这些信息就构成了关于这张脸的描述空间。

属性是对经验数据对象进行描述的变量，在第 1 章水杯价格预测一例中，关于水杯的“产地”“材质”等就是属性。在特征空间 X 中，对于给定的 $x \in X$，一个包含其所有可

能值的属性被称为 X 的一个维度。那么一个属性加上它的一个值就被称作一个特征。为了简便起见，本节会以特征来指代特征值及其所代表的属性。

当然，数据的特征选择及数量都会对模型效果产生重要影响。第 1 章已经提到数据特征是怎么输入机器学习模型，再训练模型，并完成预测任务的。总的说起来，描述空间可以用一个向量来表示，即特征向量。特征向量 $[f_1, f_2, \cdots, f_n]$ 中有 n 个维度，每个维度上的值对应的是一个样本在该维度上属性的取值。还是以水杯价格预测为例子，每个水杯的特征信息可以简化为一个矩阵，该矩阵中，只存放着用于预测价格的特征数据，而价格本身因为是目标，所以是不放在特征矩阵中的。

$$\begin{bmatrix} \text{中国} & \text{陶瓷} & 0.3 & \text{否} & \text{否} & \text{否} \\ \text{中国} & \text{金属} & 1.0 & \text{是} & \text{是} & \text{是} \\ \text{日本} & \text{金属} & 1.5 & \text{是} & \text{是} & \text{是} \\ \text{德国} & \text{金属} & 2.0 & \text{是} & \text{是} & \text{是} \\ \text{日本} & \text{陶瓷} & 0.2 & \text{否} & \text{否} & \text{否} \end{bmatrix}$$

除了这些可以对其意义进行说明和理解的特征，数据集还有一些特征是肉眼难以发现的。例如一些特征的复杂变化，线性的和非线性的都有。理论上来说，特征越多，对事件本身的表达就越强，那么是不是特征越多就越好呢？当然不是的，过多的特征可能会掩盖关键特征，实际上在大多数情况下，对事件起决定性作用的只是其中少数的一些特征而已，如果你已经知道的特征无法实现事件的预测和判断，只是因为你还没有能够找到这些关键特征。因此，在特征不足的情况下，我们要进行特征的增加，而特征过多的情况下，要进行特征的减维。在机器学习中，特征空间中的特征被称为解释变量，标签被称为响应变量。

2.1.2　复合特征

复合特征指的是通过对已有特征的组合来生成新的合成特征的过程，因此复合特征又被称为特征组合。复合特征是非常有必要的，如在诊断卵巢癌时，会考察病患的肿瘤标志物检测值(CA125 和 CA199)、肿块大小、边界是否清晰、是否为囊性/实性、肿块是否可滑动等特征，大部分卵巢癌的临床诊断，可通过异常升高的肿瘤标记物值和边界不清晰的肿块来确定，那么肿瘤标记物值正常是否就意味着没有得癌症呢？答案是不确定，需要结合其他特征来观测，如卵巢癌的透明细胞癌，对肿瘤标志物检测不敏感，很多患者的肿瘤标记物检测值为正常，但是依然有着边界清晰的囊实性肿块，为了区分良性肿瘤，临床医生还会增加“是否燥热”等特征来判断患者罹患卵巢癌的可能性。在机器学习中，特征组合的策略有很多，这里介绍两种常用的生成特征组合的策略。

(1)通过不同特征或相同特征的线性计算来生成新的特征，如对不同特征或相同特征进行相乘。比如，当需要考察主机中央处理器(central processing unit，CPU)占用率和内存占用率是否正常时，可构造“CPU 占用率/内存占用率”这一复合特征。

(2)通过增加新的信息来产生新的特征，如在基础特征上增加时序信息。交警的基础动作特征有左臂由前向上直伸、左臂向左平伸、右臂向右平伸、右臂水平向左摆动等动作，通过不同动作的时序组合，可形成新的关于车辆停止、直行和转弯的各种新特征。类似的例子还有各种行为序列的组合，也可以形成新的特征组合。

2.1.3 特征空间降维

如果说为特征空间增维是为了更好地描述经验数据，那么特征空间降维则是为了实现以下目的。

(1) 节省不必要特征计算开销。特征空间维数过多，对于矩阵计算来说时间耗费是巨大的，因此在很多场景下，降维是必须的。以一张 1000 万像素的图片为例，如果保留图片的所有特征，那么至少需要 1000 万维的向量来描述这张照片，如果还要保留每个点的 24 位真色彩信息，那么一张图片的描述空间至少需要 10000000×24 维。

(2) 提升模型在小数据集的适应性，缓解过拟合。如前所述，特征空间中的维度数越多，说明描述经验数据的细节就越多，这就会造成模型对新数据的适应能力很差，这时需要进行适当的降维。如图 2-1 所示，以 sklearn 自带的小数据集波士顿房价预测数据作为例子。当使用 1 阶、2 阶及 3 阶复合特征来构建经验数据的描述空间后，可发现模型在训练数据的性能上达到了 100%准确，但是在测试数据上则为 0，说明其对新数据根本没有适应能力。这时，再考察由 1 阶和 2 阶复合特征来构建经验数据的描述空间模型的性能，可发现其预测准确率无论在训练集还是在测试集上都是最好的，因此特征空间必须要降维。

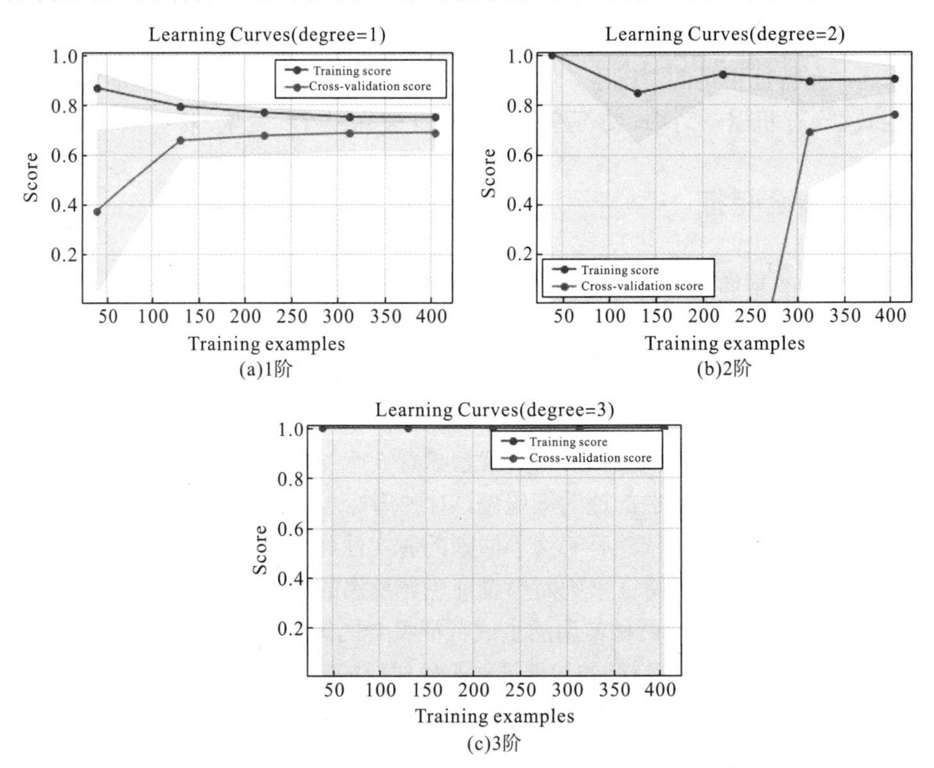

(a)1阶 (b)2阶 (c)3阶

图 2-1 分别使用 1 阶、2 阶和 3 阶复合特征的模型性能

注：Learning Curves 为学习曲线；degree 为阶数；Score 为得分；Trainning examples 为学习样本数，单位为个；Trainning score 为训练得分；Cross-validation score 为交叉验证得分，即文中所述的测试得分。后同。

(3) 便于解释数据，从模型中提取隐藏知识。例如，使用协方差矩阵对维度与维度之间的相关性做出判断后，把可能具有相关性的高维变量合成线性无关的低维变量，称为主成分分析。新的低维数据集会尽可能地保留原始数据的变量。这时，就可以将数据投射到一个低维子空间实现降维。

(4) 便于实现数据的可视化。图 2-2 展示了使用 T-分布随机邻域嵌入(T-distributed stochastic neighbor embedding，T-SNE)降维算法对手写数字的二维投影。实际上每个手写数字的维度都是 64 维。可以看出，降维后的点良好地保留了高维空间中每个手写数字样本的分类特点，使得不同数字之间的分类边界很清晰。

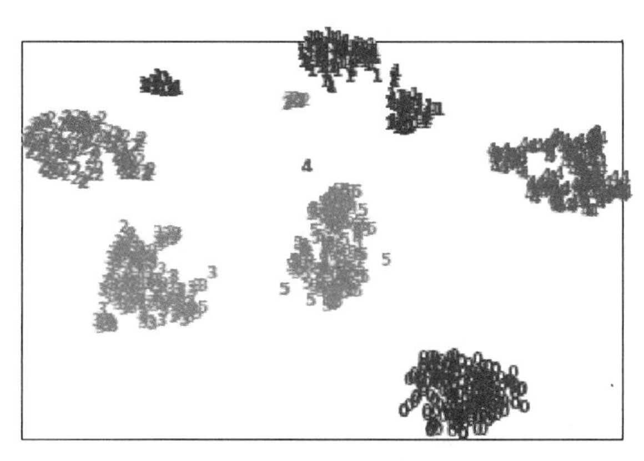

图 2-2　使用 T-SNE 降维算法对手写数字进行二维投影

特征空间降维的过程是找到一个映射函数 f：使得原特征空间中的点 x 可以映射到低维空间的点 y 上。例如，x 由一个 1000 维的向量表达，而 y 是一个 500 维的向量，如果映射函数 f 是直接通过丢弃维度映射到低纬空间里，那么这时特征降维就变成了特征选择(特征选择是指只保留重要的特征子集)。否则，如果 f 是线性或非线性的，那么这时，特征降维就不能说是特征选择。例如，假设 f 是两个相邻特征的叠加，即将高维空间中的 x_i 和 x_{i+1} 映射到低维空间的 y_i 上去，这时有 $x_i+x_{i+1}\to y_i$。虽然在新的描述空间里，维度只有 500，但是旧描述空间里的每个维度的信息并没有丢失。

2.1.4　特征缩放及特征编码

特征值的不同数量级有时可能会对模型的准确度产生巨大的影响，因此，需对特征权重进行统一来提升模型准确性，这个过程被称为特征缩放(feature scaling)。特征缩放的常用技巧是使用归一化和标准化处理。

(1) 最大最小值归一化(max-min normalization)，将数值范围缩放到[0,1]：

$$x_{\text{scale}} = \frac{x - x_{\min}}{x_{\max} - x_{\min}} \tag{2-1}$$

(2) 均值归一化(mean normalization)，将数值范围缩放到[−1,1]，且数据的均值变为 0，设 $\bar{x}$ 代表均值：

$$x_{\text{scale}} = \frac{x - \overline{x}}{x_{\max}} \tag{2-2}$$

(3) 标准化(standardization)，将数值缩放到 0 附近，且数据的分布变为均值为 0、标准差为 1 的标准正态分布(先减去均值 $\overline{x}$ 来对特征进行中心化处理，再除以标准差 σ 进行缩放)：

$$x_{\text{scale}} = \frac{x - \overline{x}}{\sigma} \tag{2-3}$$

(4) 稳健标准化(robust standardization)，先减去中位数，再除以四分位距，因为不涉及极值，因此在数据里有异常值的情况下表现比较稳健，med 代表中位数，IQR 是样本的四分位距：

$$x_{\text{scale}} = \frac{x - \text{med}}{\text{IQR}} \tag{2-4}$$

归一化是将样本的特征值压缩到特定区域，如[0,1]或者[-1,1]；标准化则是将样本的特征值转换为以某个数据中心为参照的值，而中心点的选取是参考了样本点的群体性特征(如数据均值或分位间距)的。例如，数据组 G1[−2,−2,−2,2,2,2]和数据组 G2[−6,0,0,1,4,1]，分别采用最大最小值归一化和标准化做数据缩放的时候，数据组 G1 和 G2 的点如图 2-3 所示分布。可以看出，标准化分布的点对于数据内部波动特性反映更准确，而最大最小值归一化相对弱化了数据间的这个特点。

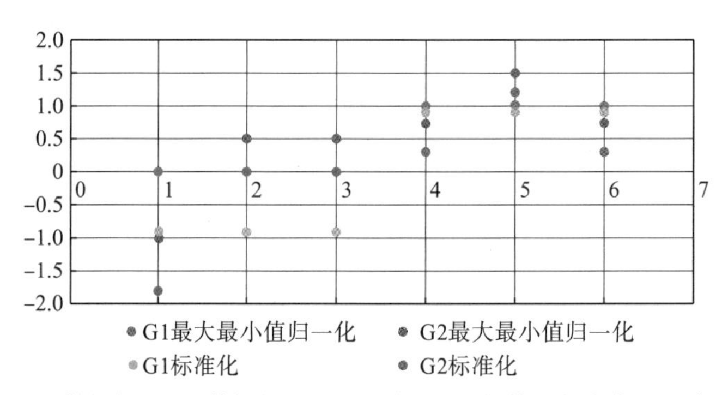

图 2-3　数据组 G1 和数据组 G2 分别采用不同的数据范式化处理结果的对比

2.2　机器学习中对误差的估计

对于机器学习的有监督学习来说，衡量一个模型是否能有效地完成任务，会从两个指标来进行判断：偏差(bias)和方差(variance)。以飞镖是否命中靶心来解释偏差和方差的关系能够较好地说明问题，如图 2-4 所示，偏差代表的是模型预测结果是否偏离了“标准答案”，这个“标准答案”就是数据的标签或响应变量。而方差则描述的是模型输出效果的稳定程度，即预测结果的波动程度，在统计学上，通常用方差来检验数据集内部数据间差异的情况。例如，两个班同学的平均成绩均为 70 分，但是 A 班同学的得分区间为[0,100]，而 B 班同学的成绩得分区间为[60,80]，那么很显然，B 班同学成绩的方差会小于 A 班同学，这意味着即使平均成绩相同，那么 A 班同学成绩差异是巨大的，有非常优秀和非常差的同学，而 B 班同学的成绩则相对稳定，没有最好也没有最差的，全班同学成绩比较接近。

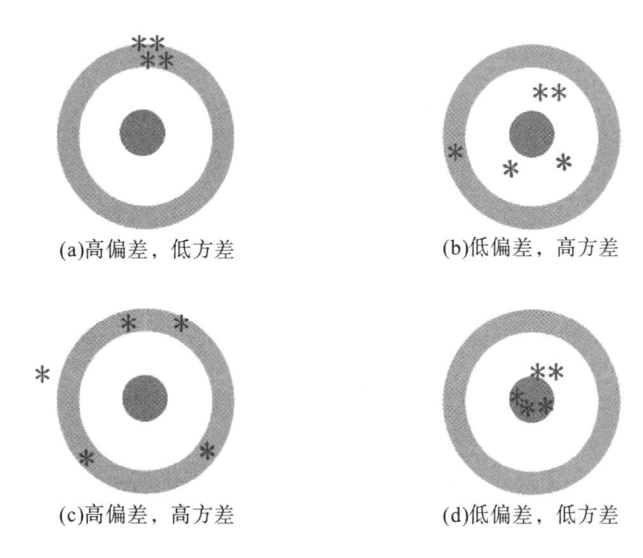

图 2-4　偏差与方差

因此，这里偏差度量的是学习算法的预测结果与真实结果的偏离度，反映的是算法本身对数据的拟合能力；而方差则度量的是由于新加入测试数据造成的算法性能的波动情况。如果算法的偏差和方差都很高，那么意味着算法无论是拟合能力还是预测能力都不能令人满意；如果算法低偏差高方差，那么意味着算法拟合能力好过预测能力，如果两者差异过大，这种情况往往意味着过拟合；如果算法高偏差低方差，那么意味着算法拟合能力不足，多数情况是因为欠拟合；如果算法是低偏差低方差，那么说明算法性能优秀，是令人满意的，不仅能够很好地拟合经验数据，同时对新数据也具有不错的容错能力。

与有监督学习不同，无监督学习没有一个误差指标来衡量结果，因此无监督学习问题的性能指标通常会选择使用一些结构属性，如聚类内部的凝聚程度和聚类之间的可区分程度等来作为衡量指标。

但是这些衡量指标都是针对一种特定类型的模型才有效，对于真实世界中的所有模型的衡量，应该有一个统一的度量标准，这里介绍 3 种机器学习常用的分类模型性能评价指标：准确率、精确率和召回率。若有样本为正，预测结果为正，那么这种结果称为真阳性(true positive，TP)；若有样本为负，预测结果为正，这种结果称为假阳性(false positive，FP)；若有样本为负，预测结果也为负，这种结果称为真阴性(true negative，TN)；若有样本为正，预测结果为负，这种结果称为假阴性(false negative，FN)。

(1)准确率(accuracy)，准确率 ACC 即预测正确的结果占总样本的百分比：

$$\mathrm{ACC}=\frac{\mathrm{TP}+\mathrm{TN}}{\mathrm{TP}+\mathrm{TN}+\mathrm{FP}+\mathrm{FN}} \tag{2-5}$$

(2)精确率(precision)，精确率 P 代表预测为正样本中真正是正样本的比例，因此精

确率又被称为查准率，即

$$P = \frac{\text{TP}}{\text{TP+ FP}} \tag{2-6}$$

(3) 召回率(recall)，召回率 R 代表的是所有真正正样本中被预测为正样本的比例，因此召回率又被称为查全率，即

$$R = \frac{\text{TP}}{\text{TP+ FN}} \tag{2-7}$$

实际上，在医学领域，R 也可以用来检测试剂的性能。例如，试剂的 R 值很高，那么说明 FN 的值相对较小，说明试剂能很好地检测识别出目标对象，因此召回率也被称为敏感性。

除此之外，检验模型性能的指标还有 F1 值、特异性(假阳率)，以及由特异性和敏感性构成的接受者操作特性曲线(receiver operating characteristic curve，ROC curve)和曲线下面积(area under curve，AUC)。

2.3 代价函数、损失函数和目标函数

有监督机器学习是希望通过调整模型本身的参数或不断更新策略来产生与训练数据标签相同的输出，因此每一次训练结束后模型产生的输出是否更靠近目标，需要进行合理科学的判断。这时，可以通过设置一个代价函数(cost function)或损失函数(loss function)来进行判断。模型参数或策略优化的过程就是代价函数或损失函数取极值的过程，因此，当目标函数(objective function)在有约束条件下的最小化就是损失函数。

不同的模型有不同的代价函数，如采用均方误差(mean squared error，MSE)来作为线性回归模型的代价函数，即模型学习的目标是最小化公式：

$$\frac{1}{n}\sum_{i=1}^{n}[y_i - f(x_i)]^2 \tag{2-8}$$

2.4 数据预处理

真实世界的原始数据普遍存在问题，必须加以处理才能用于分析，一方面要提高数据质量，另一方面为了更好地使数据适应不同模型对数据的需求。数据预处理至少需要完成 3 个方面的工作。

(1) 数据集成，即统一原始数据的表达，消除数据的不一致性。例如，数据集中有一项特征为“出生年月”，可能存在“20050215”和“2005/02/15”描述不一致但是内容却一致的情况。这时需要对数据进行统一表达。

(2) 数据转换及规范化处理，机器学习模型的核心是科学计算，即只能对矩阵进行处理。数据必须要进行适当的编码和转换，才能符合模型对数据的需求。例如，在特征维度

“城市”下，其值有“北京”“上海”等。这种字符是模型无法处理的，因此这时需要对其进行编码，转换成模型能处理的数据类型。

对类型数据进行编码的技术通常会采用 one-hot 编码，即独热编码。one-hot 编码，又称为一位有效编码，主要是采用 N 位二进制位来对 N 个状态进行编码，每个状态位只有一个特定位标记为 1，其他位都被标记为 0。one-hot 编码的优点在于可以清晰地反映离散值之间的差异，且不会对数据产生不必要的扭曲。例如，当对学生籍贯进行编码时，现知道学生籍贯城市有 7 个，那么可构建 7 维二进制向量，每个城市对应一个位为 1，城市的 one-hot 编码如表 2-1 所示。

表 2-1 城市的 one-hot 编码

城市	one-hot 编码
北京	[1 0 0 0 0 0 0]
上海	[0 1 0 0 0 0 0]
广州	[0 0 1 0 0 0 0]
深圳	[0 0 0 1 0 0 0]
南京	[0 0 0 0 1 0 0]
成都	[0 0 0 0 0 1 0]
武汉	[0 0 0 0 0 0 1]

(3) 噪声数据和缺失数据的处理，现实中，通常会由于一些特殊原因造成数据的缺失(缺失数据)或错误数据(噪声数据)，对于噪声数据，常规的处理办法是直接删除，而对于缺失数据的常见处理方法则有 4 种：①直接删除缺失数据；②固定值填充，如用 0 或所有已知样本的均值来填充；③相邻均值填充，即选用相邻样本的均值来进行填充；④插值填充，如用该维度所有特征值来进行线性拟合，然后通过插值函数估计缺失部分的值，并进行填充，Python 的 interpolate 模块提供多种插值函数。

2.5 Python 中机器学习基本流程

根据前面的介绍已经知道，机器学习算法可完成多种任务类型的预测，如可以预测“是或否”的问题，可以预测数据未来走向的问题，也可以预测新加入事物类别的问题。总的来说，这些任务都可以基本分为如图 2-5 所示的 4 类：分类、回归、聚类和降维。分类指的是算法最后输出的是类别的标签，如人脸识别；回归指的是算法最后输出的是具体的数值，如股票走势。但是无论预测是分类还是回归，都是需要经验数据带标签才能从中进行“学习”，而这些标签就是类似于学生在学习过程中教师给的正确答案。因此，这种学习算法被称为有监督学习。

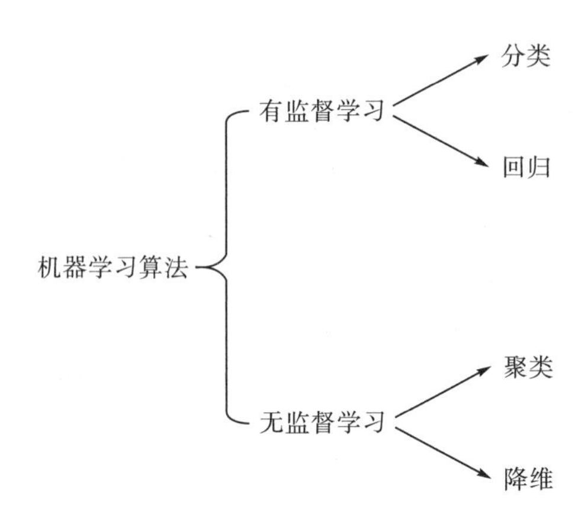

图 2-5 机器学习算法根据所完成任务性质的分类

与有监督学习相对应的是无监督学习，即经验数据并没有带上“正确答案”，所有数据的规律和模式，需要算法自己去发现。因为需要发现的是数据隐藏的规律和模式，因此最常见的用途就是对数据进行聚类，即让数据根据某种标准自己进行不同类别的发现。除此之外，降维也是发现重要规律和模式的一种需求。事实上除了有监督学习和无监督学习，机器学习还存在一类半监督学习算法，但是因为本书并不涉及这类算法，因此将其省略。

无论机器学习模型是哪一类的，机器学习算法的使用均遵循 6 个主要步骤：①根据任务需求初步选择机器学习模型；②进行数据预处理；③设计机器学习训练方案；④调用模型拟合训练数据；⑤调用模型预测数据；⑥根据模型性能对模型进行优化。

这里以 Python 的 sklearn 为例对此过程进行说明。例如，现在需要对手写数字 0～9 进行识别。

(1) 根据任务需求，可知模型应选择可实现分类任务的模型，这里选择朴素贝叶斯分类模型对其进行处理。

(2) 接下来将进行数据预处理，因为手写数字 0～9 是 sklearn 自带的小数据集之一，可利用代码“from sklearn import datasets”导入数据集，用代码“load_digits()”将数据读出。因为需完成分类任务，因此训练类型是有监督学习，这时需要对数据解释变量(特征)和响应变量(标签)进行区分。可直接通过语句“X= digits.data”和“y=digits.target”进行解释变量矩阵和响应变量矩阵的赋值。实际上，如果数据集来自真实生活，数据预处理的过程还要更加复杂。因为机器学习模型只能输入矩阵，这就意味着字符类型的输入必须要先转换成数值，同时为了转换结果不会产生失真，还需要进行进一步的处理，如数据缩放等。

(3) 已经将数据进行预处理以后，这时设计训练方案，如决定数据集中训练数据和测试数据的比例，以及训练集选择的原则等。如果这里选择 80%的数据作为训练数据、20%的数据作为测试数据，可通过选择 ShuffleSplit() 来实现打散数据，并每次随机选择训练样本和测试样本。再通过设置 training_size=0.8 和 test_size=0.2 来实现测试集和训练集的比例划分。将重新随机选择的样本赋值到 4 个集合中：x_train，x_test，y_train，y_test。

(4) 调用并训练模型，通过 scikit learn 代码 model = GaussianNB() 调用朴素贝叶斯分

类模型，模型拟合(训练代码)采用 model.fit(x_train，y_train)，实现模型训练。

(5)使用模型预测数据，通过 sklearn 模型代码 model.predict(x_test)对测试数据进行预测，再通过比对预测值与测试数据的标签的偏差[model.score(x_test，y_test)]得到其准确率为 0.8194。

(6)对模型做测试集比例划分调整，将训练数据比例调整为 0.7，以此优化模型，改变数据集方案后，可看到准确率上升为 0.8259。

上述示例的源代码如下所示。

```
import numpy as np
from sklearn.naive_bayes import GaussianNB
from sklearn.datasets import load_digits
from sklearn.model_selection import ShuffleSplit

digits = load_digits()
X， y = digits.data， digits.target    # 加载样例数据

for train_ids ，  test_ids  in  ShuffleSplit(test_size=0.2 ,
random_state=0).split(X):
    x_train， x_test = X[train_ids]， X[test_ids]
    y_train， y_test = y[train_ids]， y[test_ids]

model = GaussianNB()
model.fit(x_train， y_train)
model.predict(x_test)
print(model.score(x_test， y_test))
```

2.6　sklearn 的安装

sklearn 是 Python 提供的机器学习算法库，包括各种常用的分类、回归、聚类和降维算法。同时它也提供了数据预处理、特征提取、模型优化等功能。因为 sklearn 是基于 Python 类库 Numpy 和 Scipy 扩展的，因此安装 sklearn 之前必须先安装 Python。这里推荐使用 Anaconda，Anaconda 安装是可以便捷获取包且对包进行管理的集成环境，同时也是对环境可以进行统一管理的发行版本。Anaconda 包含了 Conda、Numpy、Scipy、NLTK、Pillow 等在内的超过 180 个科学包及其依赖项。Anaconda 可以在以下系统平台中安装和使用：Windows、macOS 和 Linux(x86/Power 8)，可到官网 https://www.anaconda.com/products/individual 下载安装 Anaconda。

在安装 Anaconda 的过程中，可以通过勾选“Add Anaconda3 to the system PATH environment variable”自动配置环境变量，也可以手动配置环境变量。在 Windows 10 系统中的“控制面板\系统和安全\系统\高级系统设置\环境变量\用户变量\path\编辑”下添加：

C:\Anaconda3\ Scripts

C:\ Anaconda3\ Library\bin

C:\ Anaconda3 \Library\mingw-w64\bin

C:\ Anaconda3 \Library\usr\bin

其中“C:\Anaconda3”是 Anaconda3 的安装路径。Anaconda3 安装成功后，可以选择使用其集成的 Spyder 工具，如图 2-6 进行脚本编写和运行以及绘图输出保存等。在 Anaconda 中，可在 Anaconda Navigator 界面中采用 Environments 查看各种所需的科学包，并且在 channel 中添加下载包的来源地址。在 Anaconda 中包含 default 频道，除此之外，还可以添加清华大学的镜像地址[①]来更快捷地获取所需科学包。当需要安装某个科学包时，如深度学习所需的 Pytorch 包，可在如图 2-7 所示的 Anaconda 界面中完成一站式安装。安装成功后返回 Home 界面，此时发现 Spyder 又变回了 install 状态，重新安装 Spyder，使其再次变回 Launch，再次启动 Launch，即可通过脚本 print(torch.__version__)验证是否安装成功，若显示版本信息，则表示安装成功。

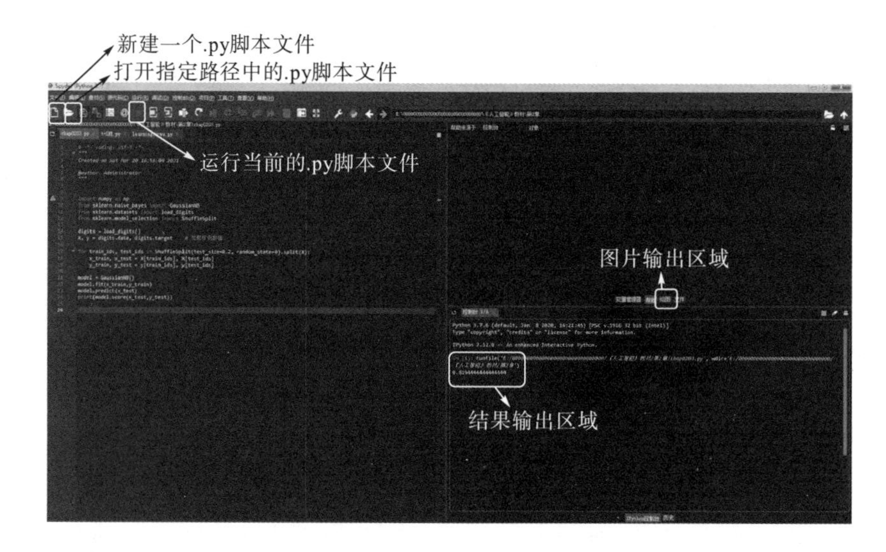

图 2-6 Anaconda Spyder 的主界面

但是通过 Anaconda 自动安装并非总是成功，并且速度也较慢，另一个安装的方法是通过 pip install 来安装所需的包，同时以安装 Pytorch 为例，首先到 Pytorch 官网找到对应版本的 torch 文件和 torchvision 文件，如用于 Windows 64 位的“torch-1.6.0+cpu-cp38-cp38-win_amd64.whl”搭配同样是用于 Windows 64 位的“torchvision-0.7.0+cpu-cp38-cp38-win_amd64.whl”。然后在“Anaconda prompt”里输入“pip installC：\torch-1.6.0+cpu-cp38-cp38-

① https://mirrors.tuna.tsinghua.edu.cn/anaconda/pkgs/free/和 https://mirrors.tuna.tsinghua.edu.cn/anaconda/pkgs/main/。

win_amd64.whl”先安装torch包，再用命令“pip installC:\torchvision-0.7.0+cpu-cp38-cp38-win_amd64.whl”安装 torchvision 包。这里“C:\”为两个包的下载后保存地址(图 2-7)。

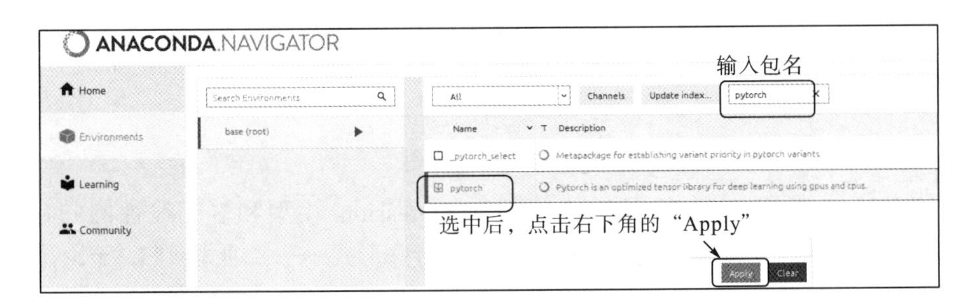

图 2-7　Anaconda 安装中所需包界面

2.7　本 章 小 结

本章介绍了机器学习算法的基础理论，如机器学习可以解决的现实世界的具体问题范畴，以及如何将现实世界问题转换为机器学习模型可以处理的数据表达方式，在此基础上以 Python 的 sklearn 科学计算库为例介绍了机器学习模型使用基本流程，最后为读者介绍了 Python 的机器学习库 sklearn 的安装及脚本撰写和运行的集成环境 Spyder(图 2-8)。

图 2-8　重新安装 Spyder 使新装的包能生效

课后练习

(1) 如何将数据库中的表数据转换为机器学习模型中的训练数据和测试数据？

(2) 试试用 pip install 命令在 Anaconda 中添加自然语言处理类库 NLTK 和图像处理类库 Pillow。

第 3 章　线性回归模型

本章将介绍简单线性回归(simple linear regression)模型和多元线性回归(multiple linear regression)模型，以及线性回归模型的一种特殊形式——多项式回归。无论是简单线性回归还是多元线性回归，都是最常用于解释真实世界因果关系的模型，是人类发现世界运行规律和模式的最初入口。因此，线性模型也是理解后续其他机器学习模型的基础。

3.1　什么是线性回归模型

首先要理解“线性”的含义。当要调研一个班级的期末考试成绩与其他数据的关联时，观察到小学 3 年级学生的期末语文成绩和学期累计课后拓展阅读时长数据如表 3-1 所示。

表 3-1　小学 3 年级学生的期末语文成绩和学期累计课后拓展阅读时长数据

序号	姓名	语文期末成绩/分	学期累计课后拓展阅读时长/小时
1	张小云	95	103
2	李瑞涵	94	98
3	王墨林	90	75
4	赵佳怡	92	87
5	杨君白	91	77
6	王依然	88	70

用 Python 的 matplotlib 绘图功能将表 3-1 中的数据可视化，代码如下。

```
import numpy as np
import matplotlib.pyplot as plt
plt.rcParams['font.sans-serif'] = ['SimHei']
plt.rcParams['axes.unicode_minus'] = False

#X 是训练数据的特征矩阵
X = np.array([103, 98, 75, 87, 77, 70]).reshape(-1, 1)
#y 是训练数据的标签向量
y = [95, 94, 90, 92, 91, 88]
```

```
plt.figure()
plt.title('语文期末考试成绩散点图')
plt.xlabel('课后拓展阅读时长')
plt.ylabel('期末考试成绩')
plt.plot(X, y, 'k.')
plt.axis([60, 120, 60, 100])
plt.grid(True)
plt.show()
```

脚本中以学生的课后拓展阅读时长作为横坐标，将学生的期末考试成绩作为纵坐标，即可看出课后拓展阅读时长与成绩之间的关系。从图 3-1 可看出，学生拓展阅读时长越长，期末考试成绩越高，并且期末考试成绩增长随课后拓展阅读时长增长的趋势好像一根斜线，这种相互关系就是线性关系。

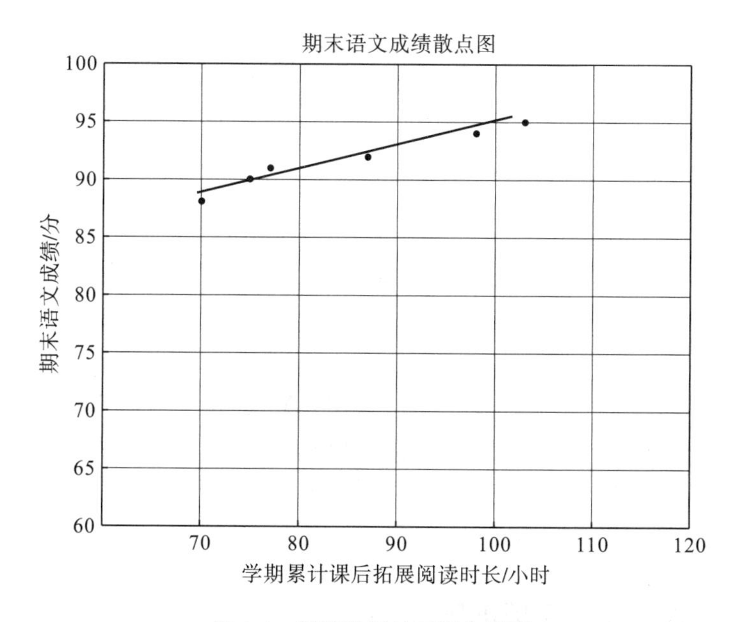

图 3-1　训练数据的可视化呈现

3.2　简单线性回归模型

3.2.1　模型建立

简单线性回归模型就是为了从训练数据中找出如图 3-1 所示的这种线性关系，并将数学模型中的参数固定下来。而简单线性回归的本质就是一元线性回归，是一个解释变量对应一个响应变量的线性模型，因为其样本特征只有一个，因此被称为简单线性回归模型。简单线性回归模型为

$$y = \alpha X + \beta \tag{3-1}$$

在机器学习中，要通过拟合 $\boldsymbol{X}$ 和 $\boldsymbol{y}$，训练获得稳定的α和β。在上述例子中，$\boldsymbol{X}$=[103,98,75,87,77,70]$^{-1}$，$\boldsymbol{y}$=[95,94,90,92,91,88]$^{-1}$，即需要获得下述表达式的解

$$\alpha\begin{bmatrix}103\\98\\75\\87\\77\\70\end{bmatrix}+\beta=\begin{bmatrix}95\\94\\90\\92\\91\\88\end{bmatrix}$$

这里介绍通过普通最小二乘(ordinary least squares，OLS)算法来解释简单线性回归模型是如何通过训练数据“习得”模型参数α和β的。首先需要计算$\boldsymbol{X}$的方差，即

$$\mathrm{var}(\boldsymbol{X}) = \frac{\sum_{i=1}^{n}(x_i - \bar{x})^2}{n-1} \tag{3-2}$$

其中，n为训练集中样本的个数；$\bar{x}$为所有样本特征值的均值。

再计算$\boldsymbol{X}$和$\boldsymbol{y}$的协方差：

$$\mathrm{cov}(\boldsymbol{X},\boldsymbol{y}) = \frac{\sum_{i=1}^{n}(x_i - \bar{x})(y_i - \bar{y})}{n-1} \tag{3-3}$$

其中，$\bar{y}$为训练集中所有样本的响应变量(标签)均值。

求出α值和β值：

$$\alpha = \frac{\mathrm{cov}(\boldsymbol{X},\boldsymbol{y})}{\mathrm{var}(\boldsymbol{X})} \tag{3-4}$$

$$\beta = \bar{y} - \alpha\bar{X}$$

将解出的α和β代入式(3-1)中，就得到了一个训练好的简单线性回归模型，这个模型就可以被用来进行新数据的预测。

3.2.2 不插电模拟模型训练

接下来将以3.1节中所用示例解释简单线性回归模型的建模及模型学习过程。首先求出训练数据$\boldsymbol{X}$的均值。

```
#
import numpy as np
X = np.array([[103, 98, 75, 87, 77, 70]])
print(X.mean())
#求出x̄=85，接着通过公式(3-2)可求出训练数据 X 的方差


#
```

```
import numpy as np
X = np.array([[103, 98, 75, 87, 77, 70]])
x_mean=X.mean()
Variance = ((X-x_mean)**2).sum() / (X.shape[1]-1)
print(Variance)
#
```

#求出 var(X)=177.2，上述计算也可以直接通过代码" np.var(X, ddof=1)"实现。

```
#通过式(3-3)求出协方差
import numpy as np
X = np.array([[103, 98, 75, 87, 77, 70]])
y = np.array([[95,  94,  90,  92,  91,  88]])
print(np.cov(X, y))
#
```

因为 Numpy 提供的协方差函数可计算出两两协方差，因此结果是一个 2×2 矩阵，其中每个元素代表的含义如图 3-2 所示。其实，协方差矩阵的(1,1)元素就是训练数据特征矩阵 $\boldsymbol{X}$ 的方差。最后得出 $\mathrm{cov}(\boldsymbol{X},\boldsymbol{y})=33.6$。

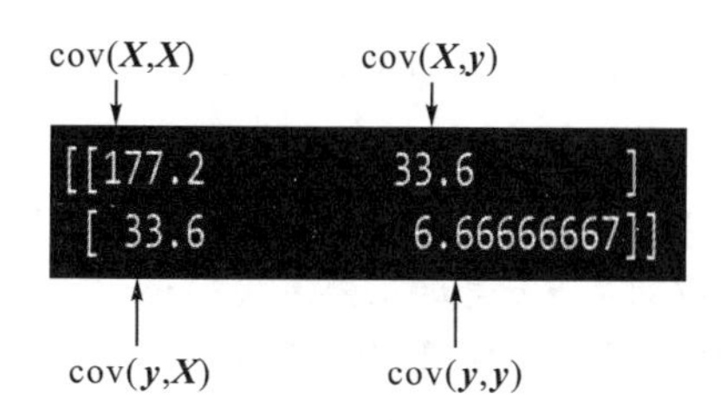

图 3-2　np.cov$(\boldsymbol{X},\boldsymbol{y})$返回的协方差矩阵

据此，可知 $\alpha=\dfrac{\mathrm{cov}(\boldsymbol{X},\boldsymbol{y})}{\mathrm{var}(\boldsymbol{X})}\approx 0.19$，$\beta=91.67-0.19\times 85=75.52$，习得的简单线性回归模型为

$$\boldsymbol{y}=0.19\boldsymbol{X}+75.52$$

3.2.3　sklearn 中使用简单线性回归模型

在 sklearn 中调用简单线性回归模型，首先需要从 sklearn.linear_model 中导入线性回归模型包 LinearRegression，然后再进行数据预处理，即设置好训练数据特征矩阵(X_train)，训练数据标签向量(y_train)，测试数据特征矩阵(X_test)和测试数据标签向量(y_test)。接着调用模型，对训练数据进行拟合，即利用训练数据集进行模型训练。当模

型训练成功后，使用模型对测试数据进行预测。训练数据和测试数据如表 3-2 所示，其中前 6 条数据为训练数据，后 5 条数据为测试数据。

表 3-2　学生期末语文成绩和学期累计课后拓展阅读时长的训练和测试数据

序号	姓名	期末语文成绩/分	学期累计课后拓展阅读时长/小时
1	张小云	95	103
2	李瑞涵	94	98
3	王墨林	90	75
4	赵佳怡	92	80
5	杨君白	91	77
6	王依然	88	70
7	白润杨	93	80
8	王嘉仪	95	90
9	吴可熙	92	110
10	杨科航	85	46
11	张梓熙	90	72

具体代码如下。

```
import numpy as np
from sklearn.linear_model import LinearRegression

X_train = np.array([103, 98, 75, 80, 77, 70]).reshape(-1, 1)
y_train = np.array([95,  94,  90,  92,  91,  88])
X_test = np.array([80, 90, 110, 46, 72]).reshape(-1, 1)

model = LinearRegression()
model.fit(X_train, y_train)
predict = model.predict(X_test)
print(predict)
```

输出结果为[90.7185854　92.61474793　96.40707299　84.27163281　89.20165538]。

3.2.4　模型性能评价

简单线性回归模型已经建立起来，并且也可以用于数据预测，但是模型本身到底能不能比较真实地反映数据间的线性关系，还缺乏一个科学合理的评价。sklearn 可以通过调用模型评分函数 score()来看到模型在评价函数上的得分。录入测试数据的标签向量 y_test，并调用 model.score(X_test，y_test)，可得到模型的评分为 0.4571。

```
#
y_test =np.array([93, 95, 92, 85, 90])
print(model.score(X_test, y_test))
#
```

这里，简单线性回归模型的评分内核实际上是模型的 R^2 系数。R^2 系数又称为决定系数(coefficient of determination)，决定系数反映响应变量 $\boldsymbol{y}$ 有多少百分比能被特征数据 $\boldsymbol{X}$ 所解释。因此，R^2 系数越趋近 1，表示特征数据 $\boldsymbol{X}$ 对响应变量 $\boldsymbol{y}$ 的可解释程度越高。R^2 的计算实际上是从测试集响应变量真实值与测试集响应变量均值 $\overline{y}$ 的误差($\mathrm{ss_{tot}}$)，以及模型预测值 $f(x_i)$ 与测试集响应变量均值 $\overline{y}$ 的误差($\mathrm{ss_{res}}$)两方面入手计算预测结果的准确度。R^2 系数计算过程如下所示。

(1)计算测试集的响应变量均值 $\overline{y}$：

$$\overline{y}=\frac{1}{n}\sum_{i=1}^{n}y_i \tag{3-5}$$

(2)计算平方和(total sum of squares，$\mathrm{ss_{tot}}$)：

$$ss_{\mathrm{tot}}=\sum_{i=1}^{n}(y_i-\overline{y})^2 \tag{3-6}$$

(3)计算残差和(sum of squares of residuals，$\mathrm{ss_{res}}$)：

$$\mathrm{ss_{res}}=\sum_{i=1}^{n}(y_i-f(x_i))^2 \tag{3-7}$$

(4)计算 R^2：

$$R^2=1-\frac{\mathrm{ss_{res}}}{\mathrm{ss_{tot}}} \tag{3-8}$$

因为 $\mathrm{ss_{res}}$ 通常比 $\mathrm{ss_{tot}}$ 小，所以结果一般为 0～1，$\mathrm{ss_{tot}}$ 在测试数据给定后是固定的，因此估计得越不准确，$\mathrm{ss_{res}}$ 就越大，那么 R^2 就越小，所以预测得越准就越接近 1。以表 3-3 所示的测试集为例，计算模型 $\boldsymbol{y}=0.19\boldsymbol{X}+75.52$ 的 R^2 系数。

表 3-3　测试集

序号	姓名	期末语文成绩/分	学期累计课后拓展阅读时长/小时
7	白润杨	93	80
8	王嘉仪	95	90
9	吴可熙	92	110
10	杨科航	85	46
11	张梓熙	90	72

首先计算测试集响应变量均值 $\overline{y}=91$，$\mathrm{ss_{tot}}=58$，$\mathrm{ss_{res}}=31.48$，$R^2=0.4572$。直接调用模型的 score()函数也能得到相同的结果。

```
#
print(model.score(X_test, y_test))
#
```

实际上可以看出本例中，模型的准确率并不高，说明特征空间对响应变量的解释程度并不够理想。这是符合实际情况的，通常要对真实世界的数据进行拟合，使用简单线性回归模型是远远不够的，接下来将会把简单线性回归模型扩展为使用频率更高、实用性更强的多元线性回归模型。

3.3 多元线性回归模型

3.3.1 模型建立

多元线性回归(multiple linear regression)是使用特征空间多种特征构建与响应变量之间的线性映射关系。观察表3-4所示的数据，可知4个学生的三门课程成绩及最终的综合评定成绩，现在需要构建一个从每门课成绩预测综合评定成绩的线性模型。

表3-4 4个学生的三门课程成绩及最终的综合评定成绩 (单位：分)

学号	线性代数	大学英语	马克思原理	综合评定成绩
1	67	70	65	72
2	83	95	60	81
3	89	67	70	84
4	91	82	79	90

可构建训练数据特征矩阵 $\boldsymbol{X}$ 以及响应变量向量 $\boldsymbol{y}$：

$$\boldsymbol{X}=\begin{bmatrix}67 & 70 & 65\\ 83 & 95 & 60\\ 89 & 67 & 70\\ 91 & 82 & 79\end{bmatrix},\quad \boldsymbol{y}=\begin{bmatrix}72\\ 81\\ 84\\ 90\end{bmatrix} \tag{3-9}$$

设每门课程有一个系数，那么可构建系数向量为

$$\boldsymbol{\alpha}=\begin{bmatrix}\alpha_1\\ \alpha_2\\ \alpha_3\end{bmatrix} \tag{3-10}$$

因此可为每个观测样本建立线性方程 $y=\beta+\alpha_1x_1+\alpha_2x_2+\cdots+\alpha_nx_n$，此时可构建一个多元线性方程组

$$\begin{cases}\alpha_1\times 67+\alpha_2\times 70+\alpha_3\times 65+\beta=72\\ \alpha_1\times 83+\alpha_2\times 95+\alpha_3\times 60+\beta=81\\ \alpha_1\times 89+\alpha_2\times 67+\alpha_3\times 70+\beta=84\\ \alpha_1\times 91+\alpha_2\times 82+\alpha_3\times 79+\beta=90\end{cases} \tag{3-11}$$

改写 $\boldsymbol{X}$ 和 $\boldsymbol{\alpha}$

$$\boldsymbol{X}=\begin{bmatrix}67 & 70 & 65 & 1\\83 & 95 & 60 & 1\\89 & 67 & 70 & 1\\91 & 82 & 79 & 1\end{bmatrix},\quad \boldsymbol{\alpha}=\begin{bmatrix}\alpha_1\\\alpha_2\\\alpha_3\\\beta\end{bmatrix} \tag{3-12}$$

那么上述线性方程组可用矩阵表达为

$$\boldsymbol{X}\cdot\boldsymbol{\alpha}=\boldsymbol{y} \tag{3-13}$$

多元线性回归模型中求解 $\boldsymbol{\alpha}$ 的方法有很多，最直接的方法是通过矩阵运算解出 $\boldsymbol{\alpha}$：

$$\boldsymbol{\alpha}=\left(\boldsymbol{X}^{\mathrm{T}}\boldsymbol{X}\right)^{-1}\boldsymbol{X}^{\mathrm{T}}\boldsymbol{y} \tag{3-14}$$

推导过程是这样的，先通过 $\boldsymbol{X}^{\mathrm{T}}\boldsymbol{X}$ 把等式左边与 $\boldsymbol{\alpha}$ 相乘的矩阵变成一个方阵。然后再乘以该方阵的逆矩阵 $\left(\boldsymbol{X}^{\mathrm{T}}\boldsymbol{X}\right)^{-1}$（如果逆矩阵存在的话），那么等式左边系数 $\boldsymbol{\alpha}$ 前面的矩阵就完全被消解了，如下所示。

$$\begin{aligned}&\boldsymbol{X}\cdot\boldsymbol{\alpha}=\boldsymbol{y}\\\Leftrightarrow\ &\boldsymbol{X}^{\mathrm{T}}\boldsymbol{X}\boldsymbol{\alpha}=\boldsymbol{X}^{\mathrm{T}}\boldsymbol{y}\\\Leftrightarrow\ &\left(\boldsymbol{X}^{\mathrm{T}}\boldsymbol{X}\right)^{-1}(\boldsymbol{X}^{\mathrm{T}}\boldsymbol{X})\boldsymbol{\alpha}=\left(\boldsymbol{X}^{\mathrm{T}}\boldsymbol{X}\right)^{-1}\boldsymbol{X}^{\mathrm{T}}\boldsymbol{y}\\\Leftrightarrow\ &\boldsymbol{\alpha}=\left(\boldsymbol{X}^{\mathrm{T}}\boldsymbol{X}\right)^{-1}\boldsymbol{X}^{\mathrm{T}}\boldsymbol{y}\end{aligned} \tag{3-15}$$

用 Python 来实现上述求解过程，代码如下。

```
import numpy as np
from numpy.linalg import inv
from numpy import dot, transpose

X = np.array([[67, 70, 65, 1],
             [83, 95, 60, 1],
             [89, 67, 70, 1],
             [91, 82, 79, 1]])
y = np.array([72, 81, 84, 90]).reshape(-1, 1)

print(dot(inv(dot(transpose(X), X)), dot(transpose(X), y)))
```

解出：

$$\boldsymbol{\alpha}=\begin{bmatrix}0.48\\0.12\\0.35\\8.07\end{bmatrix}。$$

3.3.2 不插电使用梯度下降法求解系数

使用矩阵运算求解系数固然比较简单直观，但是实际情况中，很有可能受样本数量和特征数量的影响，矩阵运算中的求逆矩阵会耗费大量的算力。因此这里介绍另一种常用的参数寻优算法——梯度下降(gradient descent)法。梯度下降法是一种常用的一阶(first-order)优化方法，是求解无约束优化问题最简单、最经典的方法之一。考虑一个代价函数 $f(x)$ 是线性回归模型的目标函数，模型训练的目的是找到使得代价函数最小的 $\boldsymbol{\alpha}$ 系数向量。梯度下降法的核心思想是通过逐步迭代，找到一次比一次小的 $f(x)$ 值，如图 3-3 所示。

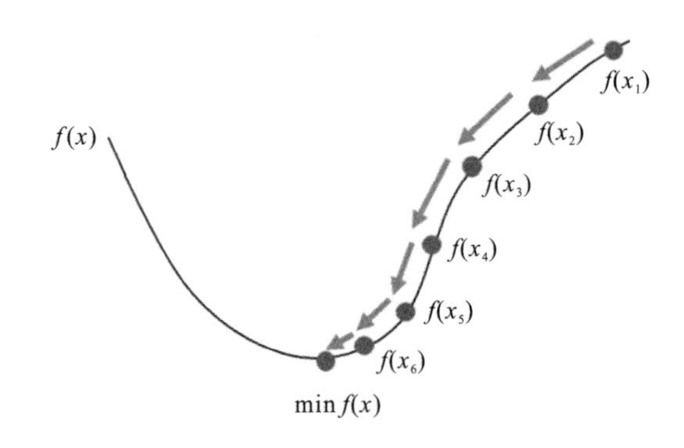

图 3-3 梯度下降法找到目标函数最小值的过程示例

如果目标函数 $f(x)$ 是连续的，且可导的，那么根据泰勒公式有

$$f(x+\Delta x) \cong f(x)+\Delta x \nabla f(x) \tag{3-16}$$

实际上，这里的 $\nabla f(x)$ 就是指函数 $f(x)$ 的梯度。即

$$\nabla f(x)=\frac{\partial f(x)}{\partial x} \tag{3-17}$$

那么也有

$$\Delta f(x)=\Delta x \nabla f(x) \tag{3-18}$$

可看出目标函数的增量是通过目标函数梯度来计算的，那么这时需要为目标函数的增量确定一个方向，即需要确定目标函数每次的更新是要小于上一次的值的，即要满足 $f(x)+\Delta f(x)<f(x)$。这里将 $\nabla f(x)$ 变为 $-\nabla f(x)$，来保证其下降的方向是正确的；同时，为了保证下降速度是合理的，不会因为下降过快而导致错过最小值，需要为下降速度添加一个控制参数 ε，这里将 ε 称为学习速率。那么每次迭代，有

$$x(t+1)=x(t)-\varepsilon \cdot \nabla f(x)$$

接下来通过优化一个简单的目标函数系数来说明梯度下降法是如何通过迭代实现参数优化的。设有 $f(x)=x^2$，且设 $x^0=2$，学习速率 $\varepsilon=0.2$，那么 $\nabla f(x)=2x$，进入迭代计算 x：

$$
\begin{aligned}
x^1 &= x^0 - 0.2\times 2\times 2 = 1.2 \\
x^2 &= x^1 - 0.2\times 2\times 1.2 = 0.72 \\
&\cdots \\
x^7 &= 0.06
\end{aligned}
\tag{3-19}
$$

继续迭代，使其逐步逼近最小值 0。

接下来将介绍如何使用梯度下降法求解线性回归模型的系数向量 $\boldsymbol{\alpha}$，首先以简单线性回归模型为例子。设模型为 $f(x)=\boldsymbol{\alpha}+\boldsymbol{\beta}x$，训练数据集中有 n 个样本，$\boldsymbol{\alpha}$、$\boldsymbol{\beta}$ 的初始值为 $\begin{bmatrix}\alpha^0\\ \beta^0\end{bmatrix}$，学习速率为 ε。设代价函数为模型的残差和，其中 $f(x_i)$ 为模型对输入 x_i 的预测值，y_i 是样本 i 的真实值。

$$
C=\sum_{i=1}^{n}(y_i-f(x_i))^2 \tag{3-20}
$$

这里为了使得求梯度计算方便，将残差和公式修改为均方误差(MSE)的 1/2，即

$$
C=\frac{1}{2n}\sum_{i=1}^{n}(y_i-f(x_i))^2 \tag{3-21}
$$

计算代价函数关于模型系数 $\boldsymbol{\alpha}$ 和 $\boldsymbol{\beta}$ 的梯度

$$
\nabla C=\left[\frac{\partial C}{\partial \boldsymbol{\alpha}},\frac{\partial C}{\partial \boldsymbol{\beta}}\right]^{\mathrm{T}} \tag{3-22}
$$

根据链式求导法则，可将 ∇C 变为

$$
\nabla C=\left[\frac{\partial C}{\partial f(x_i)}\cdot\frac{\partial f(x_i)}{\partial \boldsymbol{\alpha}},\frac{\partial C}{\partial f(x_i)}\cdot\frac{\partial f(x_i)}{\partial \boldsymbol{\beta}}\right]^{\mathrm{T}} \tag{3-23}
$$

接下来计算 $\frac{\partial C}{\partial f(x_i)}$：

$$
\begin{aligned}
\frac{\partial C}{\partial f(x_i)} &= \frac{1}{2n}\left(\sum_{i=1}^{n}\left(y_i-f(x_i)\right)^2\right)' \\
&= \frac{1}{2n}\sum_{i=1}^{n}\left(2f(x_i)-2y_i\right) \\
&= \frac{1}{n}\sum_{i=1}^{n}\left(f(x_i)-y_i\right)
\end{aligned}
\tag{3-24}
$$

接着可知 $\frac{\partial f(x_i)}{\partial \boldsymbol{\alpha}}=1$，$\frac{\partial f(x_i)}{\partial \boldsymbol{\beta}}=x_i$，将其代入到 ∇C 中，有

$$
\nabla C=\left(\frac{1}{n}\sum_{i=1}^{n}\left(f(x_i)-y_i\right),\frac{1}{n}\sum_{i=1}^{n}\left(f(x_i)-y_i\right)x_i\right)^{\mathrm{T}} \tag{3-25}
$$

接下来迭代更新 $\boldsymbol{\alpha}$ 和 $\boldsymbol{\beta}$：

$$\begin{bmatrix} \alpha^1 \\ \beta^1 \end{bmatrix} = \begin{bmatrix} \alpha^0 \\ \beta^0 \end{bmatrix} - \varepsilon \begin{bmatrix} \frac{1}{n}\sum_{i=1}^{n}(f(x_i)-y_i) \\ \frac{1}{n}\sum_{i=1}^{n}(f(x_i)-y_i)x_i \end{bmatrix} = \begin{bmatrix} \alpha^0 \\ \beta^0 \end{bmatrix} - \varepsilon \begin{bmatrix} \frac{1}{n}\sum_{i=1}^{n}(\alpha^0+\beta^0 x_i - y_i) \\ \frac{1}{n}\sum_{i=1}^{n}(\alpha^0+\beta^0 x_i - y_i)x_i \end{bmatrix} \tag{3-26}$$

实际上，可通过矩阵运算来更获得更简单的迭代公式表达，这里设 $\boldsymbol{\beta} = \begin{bmatrix} \alpha \\ \beta \end{bmatrix}$，$\boldsymbol{X} = \begin{bmatrix} 1 & x_1 \\ 1 & x_2 \\ \cdots & \cdots \\ 1 & x_n \end{bmatrix}$，$\boldsymbol{y} = \begin{bmatrix} y_1 \\ y_2 \\ \cdots \\ y_n \end{bmatrix}$，那么线性回归模型可改写为 $\boldsymbol{y} = \boldsymbol{X} \cdot \boldsymbol{\beta}$，代价函数 C 可改写为

$$C = \frac{1}{2n}(\boldsymbol{y} - \boldsymbol{X}\cdot\boldsymbol{\beta})^{\mathrm{T}}(\boldsymbol{y} - \boldsymbol{X}\cdot\boldsymbol{\beta}) \tag{3-27}$$

若设 $\Delta y_i = f(x_i) - y_i$，那么 ∇C 可改写为

$$\nabla C = \left[\frac{1}{n}\sum_{i=1}^{n}(\Delta y_i), \frac{1}{n}\sum_{i=1}^{n}(\Delta y_i x_i)\right] = \frac{1}{n}\cdot\begin{bmatrix} 1 & 1 & \cdots & 1 \\ x_1 & x_2 & \cdots & x_n \end{bmatrix}\cdot\begin{bmatrix} \Delta y_1 \\ \Delta y_2 \\ \cdots \\ \Delta y_n \end{bmatrix} = \frac{1}{n}\cdot\boldsymbol{X}^{\mathrm{T}}(\boldsymbol{X}\cdot\boldsymbol{\beta} - \boldsymbol{y}) \tag{3-28}$$

也就是说系数的迭代可变为

$$\beta^1 = \beta^0 - \frac{\varepsilon}{n}\cdot\boldsymbol{X}^{\mathrm{T}}(\boldsymbol{X}\cdot\beta^0 - \boldsymbol{y}) \tag{3-29}$$

该迭代公式可通过 sklearn 语句 beta=beta-epsilon*(1./n)*np.dot(np.transpose(X)，(np.dot(X，beta)-y))实现。实际上矩阵表达可直接用梯度下降法求解多元线性回归模型，求解时，通过设置梯度的门限值 threshold，在梯度值大于 threshold 之前进行迭代，当小于门限值后，迭代结束；也可以设置迭代最大值 max_loop，迭代次数达到 max_loop 时，迭代结束。具体内容参见代码 chap0308.py。

3.3.3 sklearn 中使用多元线性回归模型

这里以 sklearn 自带的糖尿病小数据集(diabetes)为例来介绍如何在 sklearn 中使用多元回归模型。diabetes 数据集共包含 442 个样本，每个样本有 10 个特征，分别是：年龄(age)、

性别(sex)、身体质量指数(bmi，体重除以身高)、血压(bp)及六种血清的化验数据(s1,s2,s3,s4,s5,s6)。而每个样本的标签则是“糖尿病进展数值”。通过运行代码 diabetes.feature_names 可获得每个特征名称向量为['age','sex','bmi','bp','s1','s2','s3','s4' ,'s5', 's6']。

接着介绍如何导入数据集，并将数据集通过 ShuffleSplit 工具按比例(这里将测试集比例设为 0.2)进行训练集和测试集的划分。ShuffleSplit 是通过将数据集进行打散，然后随机选择 80%的数据为训练集，20%的数据为测试集。因此 ShuffleSplit 需要设置一个随机种子，并将样本的 id 随机放入 X[train_ids]，y[train_ids]，X[test_ids]，y[test_ids]中，然后通过读取 X[train_ids]和 X[test_ids]中的样本 id 来重新构建 X_train，X_test，y_train 和 y_test。对数据进行预处理以后，则直接调用 sklearn.linear_model 包里的 LinearRegression 模型，并通过调用模型的 fit()函数对模型进行训练，通过模型的 predic()函数将训练成功的模型用于测试数据，并通过 score()函数比较测试数据真实值和预测值之间的准确度。准确度模型依然使用的是 R^2 值，即特征空间数据对最终响应变量的可解释度。代码如下。

```
import numpy as np
from sklearn.linear_model import LinearRegression
from sklearn.datasets import load_diabetes
from sklearn.model_selection import ShuffleSplit

diabetes = load_diabetes()
X， y = diabetes.data， diabetes.target    # 加载样例数据
#加载完数据，然后随意查看一个数据
print(X[0])
"""
```

结果显示[0.03807591 0.05068012 0.06169621 0.02187235 −0.0442235 −0.03482076 −0.04340085 −0.00259226 0.01990842 −0.01764613]，可发现每个维度上的数据已经做了规范化处理，并不是原始数据。接下来使用 diabetes 数据集中的多个特征来构建一个多元线性回归模型，并用来预测糖尿病的进展数值。

```
"""
for train_ids ， test_ids in ShuffleSplit(test_size=0.2 ,
random_state=0).split(X):
    X_train， X_test = X[train_ids]， X[test_ids]
    y_train， y_test = y[train_ids]， y[test_ids]

model = LinearRegression()
model.fit(X_train， y_train)
model.predict(X_test)
print(model.score(X_test， y_test))
```

最终可以知道回归模型的 R^2 值是 0.37。通过使用

```
#
Print(model.coef_)
#
```

查看训练好的模型的系数，系数 α 向量为[-48.48285836，-228.56062547，498.61435565，382.67836191，-1082.54337488，695.40454545，261.23519857，211.9913609，821.8796955，146.73830167]，接着通过使用

```
#
Print(model.intercept_)
#
```

查看截距β，可知 $\beta=153.97802815876486$。到目前为止可知，虽然特征空间中有多达 10 个特征来对响应变量“糖尿病进展数值”进行拟合，但是 R^2=0.37，即这 10 个特征只能解释最终进展数值的 37%，可看出模型的效果并不是很理想。这里多元线性回归模型的调用方法与简单线性回归模型并无差异，但是多元线性回归模型因为涉及的特征数不止一个，因此可以通过对特征进行组合变化，将特征空间中特征的数量增加，以此来提升模型拟合的准确度。

3.4 多项式回归

多项式回归(polynomial regression)模型是线性回归模型的一种，是通过把特征向量 $\boldsymbol{X}$ 和响应变量 $\boldsymbol{y}$ 之间的关系建模为 n 次多项式。由于任一函数都可以用多项式逼近，因此多项式回归有着广泛应用。在线性回归中，通过将已有离散特征转换成最多为 n 次幂的新特征，那么这些新产生的多项式就是基于原特征的复合特征。实际上，在日常生活中，对于这种复合特征的使用是非常常见的，如在预测我们是否购买某个商品的时候，单纯通过其价格和质量都不能做出决定，反而是“性价比”，即产品“质量/价格”才是预测是否购买的核心特征。在实际生活中，真正的关键特征可能会是离散特征更加复杂的组合，同样以是否购买产品为例，“质量/(价格-品牌溢价)”这个特征可能比单纯性价比特征更实用。

将这些新特征添加到原本数据集 $\boldsymbol{X}$ 中，形成一个最多为 n 次幂的多项式特征集。例如，有 $\boldsymbol{X}=[x_1, x_2]$，设置阶数(degree)=2，那么数据 $\boldsymbol{X}$ 会变成$[1, x_1, x_2, x_1^2, x_1 \cdot x_2, x_2^2]$，sklearn 的预处理包 preprocessing 中封装的 PolynomialFeatures 方法，就是对离散特征进行转换的工具。以下代码展示了如何将一个 1 阶特征空间变为 2 阶特征空间。

```
import numpy as np
from sklearn.preprocessing import PolynomialFeatures

X=np.array([[2, 3], [0, 1], [1, 1]])
Poly=PolynomialFeatures(degree=2)
Poly.fit(X)
```

```
X1=Poly.transform(X)
print(X)
print(X1)
```

结果如图 3-4 所示。

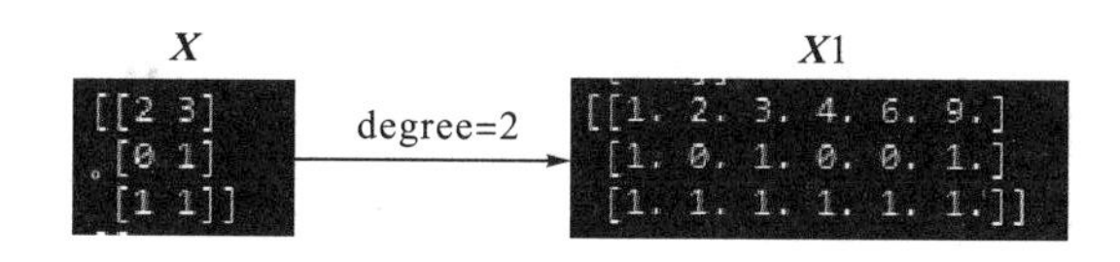

图 3-4　1 阶特征扩展为 2 阶特征

这里分别考虑阶数为 2、3、4 时的情况，对 diabetes 数据集构建复合特征。以下代码显示了如何使用 pipeline 定义一个可使用复合特征的线性回归模型 PolynomialRegression，因为数据集已经是标准化后的数据，因此该模型主要定义了 PolynomialFeatures 方法和 LinearRegression 方法。

```
import numpy as np
from sklearn.datasets import load_diabetes
from sklearn.linear_model import LinearRegression
from sklearn.preprocessing import PolynomialFeatures
from sklearn.model_selection import train_test_split
from sklearn.pipeline import Pipeline

diabetes = load_diabetes()
X = diabetes.data
y = diabetes.target
X_train , X_test , y_train , y_test=train_test_split(X , y ,
test_size=0.2, random_state=2)

#使用 pipeline 来定义一个包含有高阶特征的多元回归模型
def PolynomialRegression(degree):
    return Pipeline([
        ("poly", PolynomialFeatures(degree=degree)),
        ("lin_reg", LinearRegression())
    ])
degrees=[1, 2, 3, 4]
for i in range(len(degrees)):
    model = PolynomialRegression(degrees[i])
    model.fit(X_train, y_train)
    print("degree= %d 时模型在训练数据上的 R2 值：%f" % (degrees[i],
```

```
(model.score(X_train, y_train))))
    print("degree= %d 时模型在测试数据上的 R2 值: %f" % (degrees[i],
(model.score(X_test, y_test))))
```

结果如图 3-5 所示，可看出，虽然阶次为 2 时模型在训练集上的准确度从约 0.53 上升到 0.613403，但是其在测试集上的准确性则从约 0.44 下降到 0.413438。说明当阶次为 1 时，即使用原始的一阶线性回归模型虽然对数据存在欠拟合的情况，但是实际上通过使用组合特征也没有办法提高模型的整体性能，反而逐渐使模型变为过拟合，当 degree=4 时，模型已经完全过拟合了。

```
degree= 1 时模型在训练数据上的R2值: 0.532368
degree= 1 时模型在测试数据上的R2值: 0.439939
degree= 2 时模型在训练数据上的R2值: 0.613403
degree= 2 时模型在测试数据上的R2值: 0.413438
degree= 3 时模型在训练数据上的R2值: 0.618214
degree= 3 时模型在测试数据上的R2值: -26.629850
degree= 4 时模型在训练数据上的R2值: 1.000000
degree= 4 时模型在测试数据上的R2值: -59.210771
```

图 3-5 不同幂次多项式模型在 diabetes 数据集上的性能

如果使用另一组 sklearn 自带数据集 boston 来替代糖尿病数据集，情况则不太一样。当把上述代码中的 load_diabetes 替换为 load_boston，结果则如图 3-6 所示。

```
degree= 1 时模型在训练数据上的R2值: 0.728583
degree= 1 时模型在测试数据上的R2值: 0.778921
degree= 2 时模型在训练数据上的R2值: 0.929593
degree= 2 时模型在测试数据上的R2值: 0.896364
degree= 3 时模型在训练数据上的R2值: 1.000000
degree= 3 时模型在测试数据上的R2值: -3558.186468
```

图 3-6 不同幂次多项式模型在 boston 数据集上的性能

模型在 degree=1 时，处于欠拟合状态，而当 degree=2 时，性能达到最好，无论是训练集还是测试集的 R^2 值都大幅提升了，而当 degree=3 时，模型则过拟合了。这种优化过程通过学习曲线 learning curve 可以清晰地反映出来。

3.5 学习曲线

sklearn 的学习曲线(learning curve)展示的是一个模型在随着训练样本规模变化下分别在验证数据集和训练数据集上的得分。这是一个用来检验模型的性能如何随着样本数量增加而收敛，同时检验模型是否会因为方差或偏差过大而产生性能下降的工具。这里用学习曲线来判断多元不同阶线性回归模型随着样本数量增加的性能变化。图 3-7 和图 3-8 分别是利用特征组合对 diabetes 和 boston 数据集的多元线性回归模型进行优化，结果显示利用组合特征进行优化模型，并不是对所有数据集都有效，很明显 2 阶多元回归在 boston 房价预测回归上取得了最好的性能，而 1 阶多元回归则在 diabetes 指数预测上获得了最优性能(具体代码参见 Python 的 chap0307.py)。但是即便如此，也可以看出，特征的幂次越高，训练数据越容易产生过拟合，在数据集规模较小的情况下，不建议使用>3 的幂次来生成复合特征。

代码如下。

```
import numpy as np
#from sklearn.datasets import load_diabetes
from sklearn.datasets import load_boston
from sklearn.linear_model import LinearRegression
from sklearn.preprocessing import PolynomialFeatures
from sklearn.model_selection import ShuffleSplit
import matplotlib.pyplot as plt
from sklearn.model_selection import learning_curve
#dataset = load_diabetes()
load_boston()
dataset = load_boston()
X = dataset.data
y = dataset.target

def plot_learning_curve(estimator, title, X, y, ylim=None, cv=None,
                        n_jobs=1, train_sizes=np.linspace(.1, 1.0, 15)):
    plt.figure()
    plt.title(title)
    if ylim is not None:
        plt.ylim(*ylim)
    plt.xlabel("Training examples")
    plt.ylabel("Score")
    train_sizes, train_scores, test_scores = learning_curve(
        estimator, X, y, cv=cv, n_jobs=n_jobs, train_sizes=train_sizes)
    train_scores_mean = np.mean(train_scores, axis=1)
    train_scores_std = np.std(train_scores, axis=1)
```

```
        test_scores_mean = np.mean(test_scores, axis=1)
        test_scores_std = np.std(test_scores, axis=1)
        plt.grid()
        plt.fill_between(train_sizes , train_scores_mean-train_
scores_std,
                         train_scores_mean+train_scores_std , alpha=
0.1,
                         color="r")
        plt.fill_between(train_sizes,test_scores_mean-test_scores_
std,
                         test_scores_mean + test_scores_std ,
alpha=0.1, color="g")
        plt.plot(train_sizes, train_scores_mean, 'o-', color="r",
                 label="Training score")
        plt.plot(train_sizes, test_scores_mean, 'o-', color="g",
                 label="Cross-validation score")
        plt.legend(loc="best")
        return plt
    cv=ShuffleSplit(n_splits=10, test_size=0.2, random_state=0)
    degrees=[1, 2, 3]
    for i in range(len(degrees)):
        title = "Learning Curves (degree="+str(degrees[i])+")"
        poly = PolynomialFeatures(degrees[i])
        X1=poly.fit_transform(X)
    plot_learning_curve(LinearRegression(), title, X1, y, ylim=(0.1,
1.01), cv=cv, n_jobs=1)
```

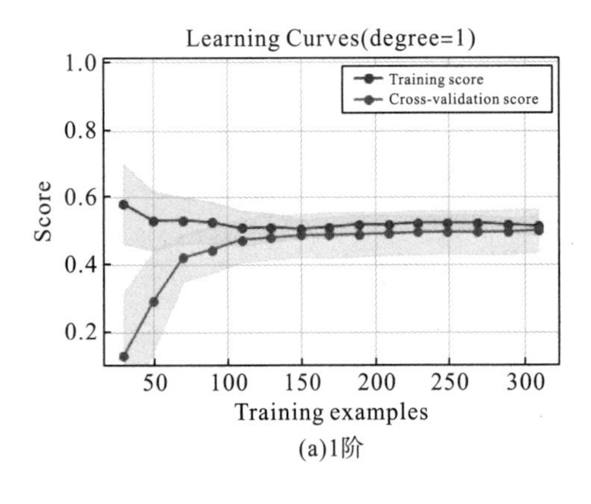

(a)1阶

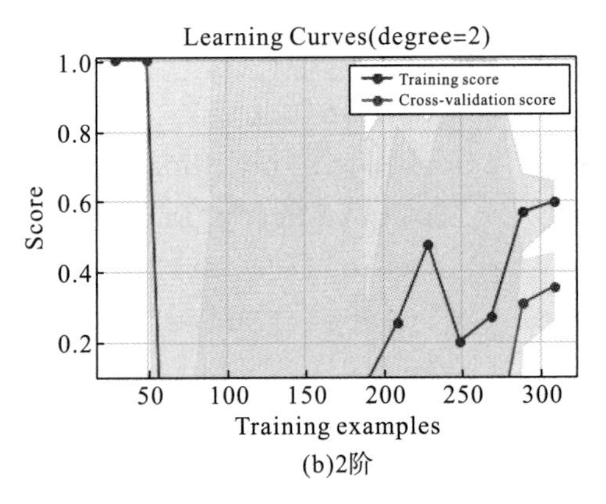

(b)2阶

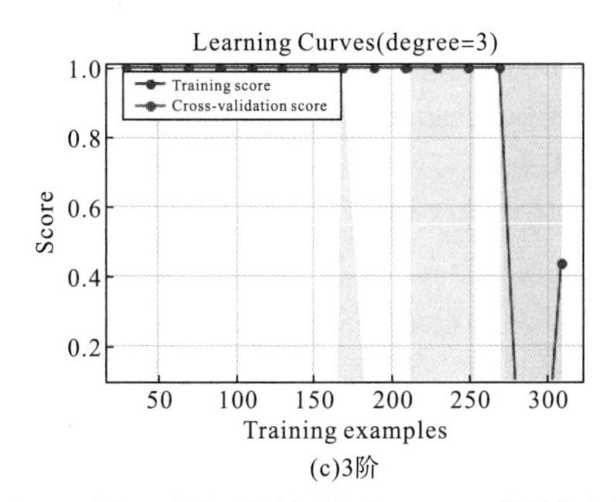

(c)3阶

图 3-7 1阶、2阶和3阶多元线性回归在 diabetes 数据集上的学习曲线

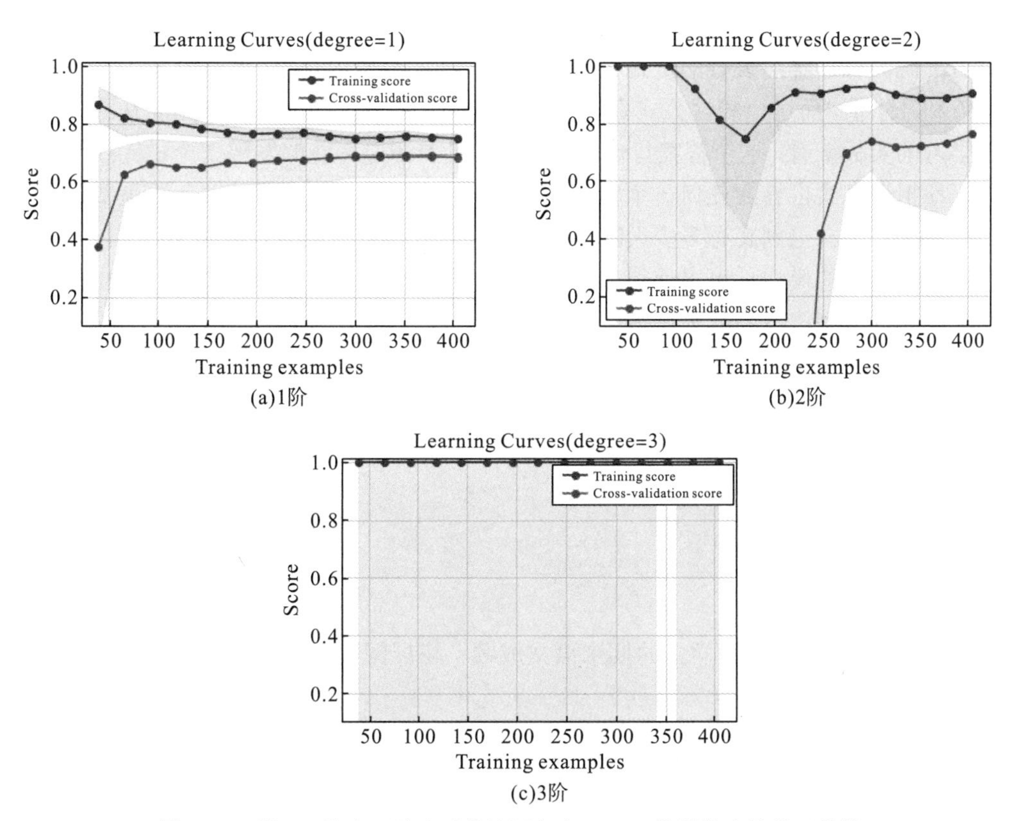

(a)1阶
(b)2阶
(c)3阶

图 3-8 1阶、2阶和3阶多元线性回归在 boston 数据集上的学习曲线

3.6 线性回归模型中的计算思维

本章介绍了简单线性回归模型、多元线性回归模型以及多元线性回归模型的一种特殊形式——多项式回归模型，并且介绍了如何通过观察数据构建回归模型，以及建立回归模型以后怎样从经验数据中获得稳定的模型系数。简单线性回归和多元线性回归的评价指标都是 R^2 值，是一个用以评价特征空间对响应变量解释度的指标。接下来介绍了在 sklearn

中如何调用线性回归模型 LinearRegression 实现对给定问题的简单/线性和多项式回归建模、训练以及优化；也介绍了 sklearn 通过观测模型在训练集和测试集上的性能是如何随样本规模变化而变化的工具——学习曲线；以及如何通过组合已知特征构建高阶复合特征从而扩大样本空间实现模型优化的策略。

线性模型是告诉我们如何观测真实世界，并从杂乱无章的数据中发现规律和模式的最直接的方法，即我们对可能产生预设结果的因素赋予权重，让它们能够形成一条完整的"因为-所以"的因果路径。并且我们发现，虽然很多看似相同的结果的构成因素是相同的，但是实际上因素的权重不是唯一的，可能是多样的，这就体现了解决问题的多种可能性。比如我们曾经都听过的一句名言"天才是百分之一的天赋，加上百分之九十九的汗水"，这句话引发了教育界长期以来的争论：到底是 1%的天赋重要还是 99%的汗水更重要。实际上，从计算思维的角度来看，天赋和汗水的绝对值都不重要，重要的是天赋和汗水的系数是否准确。机器学习关心的是是否存在一个统一的系数 0.01 和 0.99，适用于所有人的天赋值和汗水值，而这个线性公式真的能拟合一个人的天才程度吗？实际上从大量已有的机器学习的实战来看，这个答案肯定是否定的，目前还没有能够发现一个二元线性公式能够很好地拟合真实世界的任何一个实际问题。所以实际上对于个体来说，更重要的不是去关心与别人相比自己到底有多少天赋值，而是应该从计算思维的角度去关心，自己应该要怎么样训练自己的模型，可以使得目前自己的天赋值和汗水值能够获得最大的成果预期，也就是说通过训练模型系数来使得目标函数最优。

实际上，我们在后面的章节中，还会看到机器学习带给我们更多的解决问题的全新思路。例如，如何才能通过放弃一时得失，避免自己陷入局部最优，以及如何才能通过逐步的试错尝试，达到解决问题的目的。

课后练习

1. 已知有小学 3 年级学生的期末语文成绩、拓展阅读数量、课后作业平均成绩数据如下：

序号	姓名	期末语文成绩/分	拓展阅读数量/本	课后作业平均成绩/分
1	张小云	95	4	9.5
2	李瑞涵	94	7	9.3
3	王墨林	90	2	8.5
4	赵佳怡	92	4	8.8
5	杨君白	?	5	9.1
6	王依然	?	3	7.6

(1) 构建一个用于预测学习者期末语文成绩的简单线性回归模型，并预测出杨君白和王依然的期末成绩。要求：

①确定 $\boldsymbol{X}$、$\boldsymbol{y}$；

②计算 $\boldsymbol{\alpha}$ 和 $\boldsymbol{\beta}$；

③预测杨君白和王依然的期末语文成绩；

④如果杨君白的真实成绩是 91 分，王依然的真实成绩是 93 分，请算出模型在测试集上的得分 (R^2)。

(2) 构建一个关于语文期末成绩的多元线性回归模型，通过矩阵运算算出模型系数。

2. 已知 4 位同学三门课的成绩和总成绩(单位：分)，列出矩阵，推算每门课程的绩点。写出成绩矩阵和绩点矩阵，以及矩阵公式和绩点推算过程，若使用梯度下降法，写出代码。

学号	线性代数	大学英语	体育	总成绩
1	67	70	65	67.2
2	83	95	60	80.8
3	89	67	70	80.8
4	91	82	79	86.8

第 4 章　逻辑回归模型

本章将介绍另一种广义线性模型——逻辑回归(logistic regression)模型。逻辑回归的本质依然是线性拟合，但是它的计算思维体现在因为对特征的线性组合做了 Sigmoid 处理，因此逻辑回归中引入了非线性因素。它输出的结果被压缩在(0,1)，可以根据对输出值是否大于门限值(threshold)做二元分类判断，从而对响应变量进行二元分类预测。

4.1　Sigmoid 函数

Sigmoid 函数，也称为逻辑函数(logistic function)，实际上是一个如式(4-1)所示的指数函数，其 S 形曲线显示出平滑和渐进的特性，因此可以实现对线性特征组合的平滑、非零输出。因为它将输入挤压在区间[0,1]之内，所以它也被称为挤压函数，如图 4-1 所示。式(4-1)里的 e 是自然常数，是一个常量。

$$f(x)=\frac{1}{1+\mathrm{e}^{-x}} \tag{4-1}$$

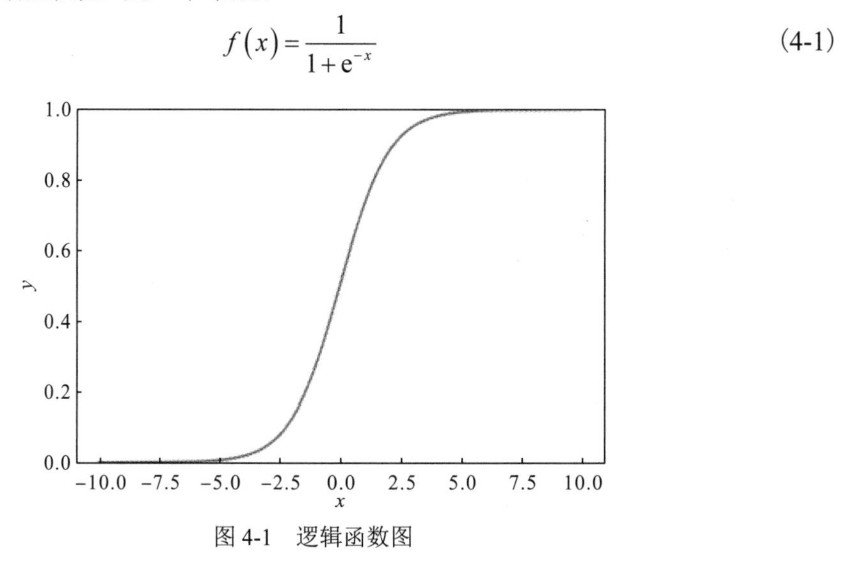

图 4-1　逻辑函数图

4.2　逻辑回归的基本模型

实际上，逻辑回归就是将 Sigmoid 函数中的 x 用多特征的线性组合来替代，即第 3 章中的 $\boldsymbol{\theta}^{\mathrm{T}}\boldsymbol{x}$ 来替代 x，使得式(4-1)变形为

$$f(x)=\frac{1}{1+\mathrm{e}^{-\boldsymbol{\theta}^{\mathrm{T}}\boldsymbol{x}}} \tag{4-2}$$

其中，$\boldsymbol{x}$ 为一个样本的 n 个特征值向量，$\boldsymbol{x}=[1, x_1, x_2,\cdots, x_n]$；$\boldsymbol{\theta}$ 为线性公式中的系数向量，为$[\alpha_0, \alpha_2,\cdots, \alpha_n]$，其中 α_0 为线性表达中的常量。

实际上逻辑回归模型的学习过程就是通过不断调整和优化 $\boldsymbol{\alpha}$ 向量，使得模型能够最大程度地拟合训练数据，以及预测数据。因此与简单线性回归模型和多元线性回归模型一样，获得系数向量 $\boldsymbol{\alpha}$ 是模型学习的最终目的。逻辑回归不仅可以对输入的数据产生连续的输出，同时还可以通过判断输出的区域将输出转换为不同的分类。因此，逻辑回归模型虽然被称为回归，但却是主要用于分类的线性模型，并常用于二分类。

所以，逻辑回归模型所做的假设是：

$$P\left(y=1|\boldsymbol{x};\boldsymbol{\theta}\right)=\frac{1}{1+\mathrm{e}^{-\boldsymbol{\theta}^{\mathrm{T}}\boldsymbol{x}}} \tag{4-3}$$

即在给定 $\boldsymbol{x}$ 和 $\boldsymbol{\theta}$ 的条件下的 $y=1$ 的概率。通常认为 $P>0.5$ 时，y=1；反之 y=0。选择 0.5 作为阈值是一个一般的做法，实际应用时特定的情况可以选择不同阈值，如果对正例的判别准确率要求高，可以选择阈值大一些，对正例的召回率要求高，则可以选择阈值小一些。

4.3　逻辑回归模型的代价函数

在线性回归中，通常使用均方误差(MSE)，也就是残差和的平均值 $\frac{1}{2n}\sum_{i=1}^{n}[y_i-f(x_i)]^2$ 作为代价函数。而逻辑回归模型的代价函数是交叉熵(cross entropy)。设 Sigmoid 函数 $h_\theta\left(\boldsymbol{x}\right)=\frac{1}{1+\mathrm{e}^{-\boldsymbol{\theta}^{\mathrm{T}}\boldsymbol{x}}}$，那么代价函数 C 如式(4-4)所示：

$$C=-\frac{1}{n}\sum_{i=1}^{n}\left[y_i\log\left(h_\theta\left(x_i\right)\right)+(1-y_i)\log\left(1-h_\theta\left(x_i\right)\right)\right] \tag{4-4}$$

熵(entropy)是一种用来量化数据不确定性程度的度量工具。熵的单位是比特，式(4-5)是熵的定义：

$$H(x)=-\sum_{i=1}^{n}(P(x_i)\log P(x_i)) \tag{4-5}$$

其中，n 是结果的数量，$P(x_i)$ 是产生结果 i 的概率。

因为概率始终是小于等于 1 的，所以对其取对数，只会产生≤0 的数，那么再在其前面添加负号，可以使其转换成一个正数。如果一个事件很无序，无法发现其规律，那么每种结果产生的概率都相当。例如，往天上抛硬币，因为只有正反两面的可能性，且每次落地正、反面产生的概率都一样，都是 0.5。那么此时 $H\left(x\right)=-\left(0.5\log_2 0.5+0.5\log_2 0.5\right)=1$，表示事件高度随机，无规律可循。但是，如果我们观测到连续投掷了两次，两次都是正面，那么此时 $H\left(x\right)=0$，事件变为确定了。此时事物发展的规律似乎变得有序起来。因此可以看出，熵值越小，事件的确定性就越高，反之，熵值越高，事件的确定性就越差。这里，因为逻辑回归用于二元分类，因此出现 y=1 的概率 $P(y=1)=1-P(y=0)$，如果 $h_\theta(x)$ 代表的是 x 被预测的概率，那么 y_i 代表的是真实的分类标签。

这里举一个例子来说明交叉熵是如何评价模型性能的。假设现在有一个样本 i，其分类标记为“1”，即 $y_i=1$，而此时模型输出的 $h_\theta(x_i)=0.3$，根据逻辑回归模型的门限值设置，可知 $h_\theta(x_i)<0.5$，也就是说模型目前将该样本进行了错误的分类。那么根据式(4-4)，可计算得到模型关于该样本的交叉熵 $C=-1\times\log_2 0.3=1.73$；接着，如果模型经过调整，$h_\theta(x_i)=0.7$，即能够正确对其进行分类了，此时模型关于该样本的交叉熵变为 $C=-1\times\log_2 0.7=0.51$。模型的交叉熵值显著下降，说明其性能有了提升。

利用该代价函数，可通过梯度下降法求解逻辑回归模型的系数，也可以通过其他优化算法求解系数。而如果使用梯度下降法来求解逻辑回归模型的系数，因为目标函数 C 发生了变化，不再是均方误差，而是交叉熵，也就是说，需要在式(4-4)中对系数求偏导，推导过程这里不再展示，但是最后的结果仍然是 $\frac{1}{n}\sum_{i=1}^{n}\left(f(x_i)-y_i\right)x_i$。也就是说，使用梯度下降法来逐步更新逻辑回归模型的 $\boldsymbol{\theta}$，而 $\boldsymbol{\theta}$ 的更新公式为

$$\boldsymbol{\theta}=\boldsymbol{\theta}-\varepsilon\nabla C$$

$$\boldsymbol{\theta}=\boldsymbol{\theta}-\varepsilon\frac{1}{n}\sum_{i=1}^{n}\left(f(x_i)-y_i\right)x_i \tag{4-6}$$

4.4 在 sklearn 中使用逻辑回归模型进行二元分类

这里通过使用 sklearn 自带的小数据集 load-barest-cancer 来进行逻辑回归模型的调用示例。代码如下。

```
from sklearn import datasets
import numpy as np
from sklearn import model_selection
from sklearn import linear_model

cancer = datasets.load_breast_cancer()
print(cancer.data.shape)
print("数据集样本数：", cancer.data.shape[0])
print("每个样本特征数：", cancer.data.shape[1])

cancer = datasets.load_breast_cancer()
X = cancer.data
y = cancer.target
X_train, X_test, y_train, y_test=model_selection.train_test_
```

```
split(X, y, test_size=0.2)

    model = linear_model.LogisticRegression()
    model.fit(X_train, y_train)
    score = model.score(X_test, y_test)
    #cross_entropy=
    print("score: ", score)
```

通过查看样本的个数和特征数得知该数据集总共有 569 个样本，30 个特征数。因为模型是用来解决分类问题的，因此模型的 score 计算的是在测试集上的准确率(accuracy)，通过打印模型的 score 值，可得知模型在测试样本标签分类上的准确率为 0.97。接下来使用混淆矩阵(confusion matrix)对模型的分类效果作可视化展示。混淆矩阵可直观显示模型分类后测试集中真阳、真阴、假阳和假阴的样本数量(图 4-2)。

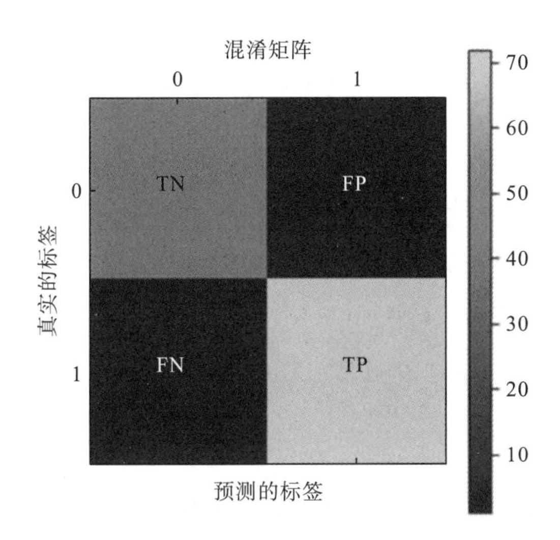

图 4-2　逻辑回归模型的混淆矩阵

4.5　广义线性回归模型的防止过拟合策略

4.5.1　正则式

如前所述，理论上，因为任何函数都有其泰勒级数的展开式，因此多项式回归原则上可以拟合任何函数。但是这种拟合仅仅限于训练数据，因此过多的多项式特征容易产生模型的过拟合。模型的正则化(regularization)可以自动筛选掉不重要的特征，只保留重要的特征，使得特征矩阵变得稀疏。sklearn 的 LinearRegression 提供了添加有正则项的回归模型：岭回归和 LASSO 回归。

在代价函数中添加了 L2 惩罚项的线性回归模型被叫作岭回归(ridge regression)，又叫提克洛夫规范化，如式(4-7)所示。岭回归可以通过挑选特征的系数来自动过滤掉不重要的特征。实际上惩罚项存在的意义在于可以很好地平衡特征数量与偏差平方和之间的关系。对惩罚项最直观的解释是，如果随着多项式数量的增加，模型对训练数据的拟合效果会越来越好，那么这时，$\sum_{i=1}^{n}(y_i-\boldsymbol{\theta}^{\mathrm{T}}x_i)^2$ 值会越来越小，逐渐趋近于 0，然而，由于代价函数增加了一个特征系数平方和项 $\lambda\|\boldsymbol{\theta}\|_2^2$，此时可能该项值也会变得很大，反而使得最后的 $\mathrm{RSS}_{\mathrm{ridge}}$ 值重新变大。因此要使最终的 $\mathrm{RSS}_{\mathrm{ridge}}$ 值属于最优值，必须要在最小偏差平方和与最少特征项之间取得一个平衡。

$$\mathrm{RSS}_{\mathrm{ridge}}=\sum_{i=1}^{n}(y_i-\boldsymbol{\theta}^{\mathrm{T}}x_i)^2+\lambda\|\boldsymbol{\theta}\|_2^2 \tag{4-7}$$

L1 范数的惩罚项如式(4-8)所示，L1 范数惩罚项又被称为最小绝对收缩和选择算子(least absolute shrinkage and selection operator，LASSO)。因此在代价函数中添加了 L1 范数惩罚项的线性回归模型又被称为 LASSO 回归。

$$\mathrm{RSS}_{\mathrm{LASSO}}=\sum_{i=1}^{n}(y_i-\boldsymbol{\theta}^{\mathrm{T}}x_i)^2+\lambda\|\boldsymbol{\theta}\|_1 \tag{4-8}$$

如果代价函数增加了 L2 惩罚项，那么在使用梯度下降法优化系数的时候，代价函数梯度向量也要发生变化，代价函数被改写为

$$C=\frac{1}{2n}\left(\boldsymbol{X}\cdot\boldsymbol{\theta}-\boldsymbol{y}\right)^{\mathrm{T}}\left(\boldsymbol{X}\cdot\boldsymbol{\theta}-\boldsymbol{y}\right)+\lambda\boldsymbol{\theta}^{\mathrm{T}}\boldsymbol{\theta} \tag{4-9}$$

通过使用最小二乘法，可求解出：

$$\boldsymbol{\theta}=\left(\boldsymbol{X}^{\mathrm{T}}\cdot\boldsymbol{X}+\lambda\cdot\boldsymbol{I}\right)^{-1}\boldsymbol{X}^{\mathrm{T}}\boldsymbol{y} \tag{4-10}$$

其中，$\boldsymbol{I}$ 为一个 $n\times n$ 的单位矩阵。

4.5.2 在 sklearn 中使用 L1 和 L2 范数优化模型

第 3 章介绍多项式回归时，使用了 boston 数据集，当 boston 数据集的特征空间从 1 阶扩展为 2 阶时，模型性能得到了显著的优化，然后当阶数上升到 3 阶时，模型出现了过拟合线性。这里分别使用岭回归模型(Ridge 算子)和 LASSO 回归模型(Lasso 算子)对该模型进行进一步优化，以说明正则表达对模型的作用。代码如下。

```
import numpy as np
from sklearn.datasets import load_boston
from sklearn.linear_model import LinearRegression
from sklearn.linear_model import Ridge
from sklearn.linear_model import Lasso
from sklearn.preprocessing import PolynomialFeatures
```

```
from sklearn.model_selection import ShuffleSplit
import matplotlib.pyplot as plt
from sklearn.model_selection import learning_curve
dataset = load_boston()
X = dataset.data
y = dataset.target
cv=ShuffleSplit(n_splits=10， test_size=0.2， random_state=0)
title1 = "Learning Curves (degree=3， without penalty)"
title2 = "Learning Curves (degree=3， with L1 penalty)"
title3 = "Learning Curves (degree=3， with L2 penalty)"
title4 = "Learning Curves (degree=2， without penalty)"
poly1 = PolynomialFeatures(3)
poly2 = PolynomialFeatures(2)
X1=poly1.fit_transform(X)
X2=poly2.fit_transform(X)
plot_learning_curve(LinearRegression()， title1， X1， y，
ylim=(0.1， 1.01)， cv=cv， n_jobs=1)
plot_learning_curve(Ridge()， title2， X1， y， ylim=(0.1， 1.01)，
cv=cv， n_jobs=1)
plot_learning_curve(Lasso()， title3， X1， y， ylim=(0.1， 1.01)，
cv=cv， n_jobs=1)
plot_learning_curve(LinearRegression()， title4， X2， y，
ylim=(0.1， 1.01)， cv=cv， n_jobs=1)
```

其中，plot_learning_curve()的代码参见 chap0307.py。图 4-3 分别显示了过拟合状态下的 3 阶多项式回归、加入了 L1 范数的 3 阶多项式回归，加入了 L2 范数的 3 阶多项式回归及无惩罚项的 2 阶多项式回归的学习曲线。从图 4-3 中可明显看出，L2 范数对多项式模型的过拟合有很好的改善作用。

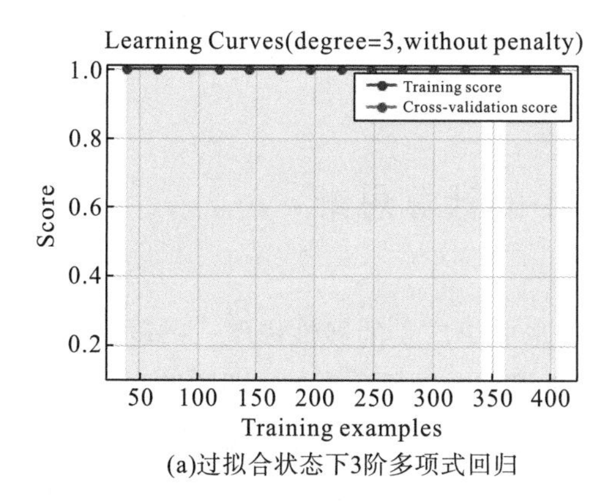

(a)过拟合状态下3阶多项式回归

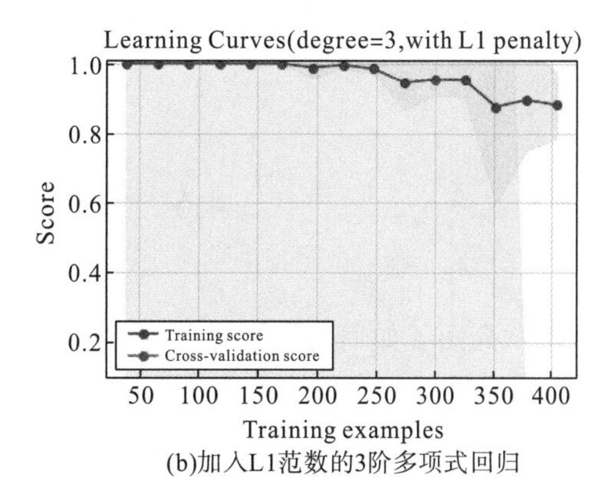

(b)加入L1范数的3阶多项式回归

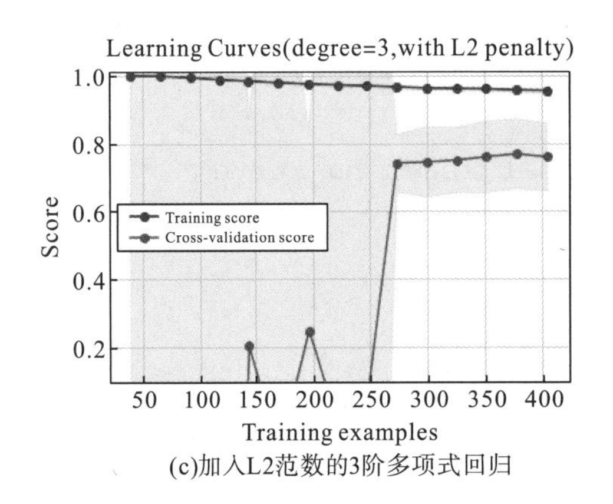

(c)加入L2范数的3阶多项式回归

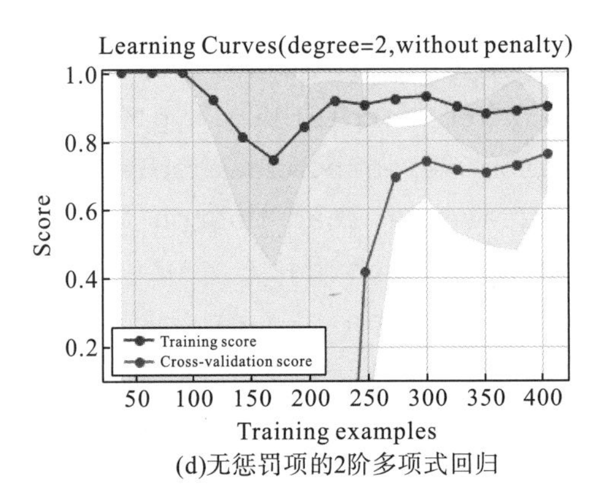

(d)无惩罚项的2阶多项式回归

图 4-3 L1 和 L2 范数对改善高阶多项式过拟合的作用

已知$\|\boldsymbol{\theta}\|_2^2$实际上是向量$\boldsymbol{\theta}$的 L2 范式，$\|\boldsymbol{\theta}\|_1$是向量$\boldsymbol{\theta}$的 L1 范式，因此对于逻辑回归模型的 L1 和 L2 范数，正则表达式则是修正公式(4-4)，使其变成如式(4-11)和式(4-12)所示的新代价函数。

L1 范式：

$$C=-\frac{1}{n}\sum_{i=1}^{n}\left(y_i\log\left(h_\theta\left(x_i\right)\right)+(1-y_i)\log\left(1-h_\theta\left(x_i\right)\right)\right)+\lambda\|\boldsymbol{\theta}\|_1 \tag{4-11}$$

L2 范式：

$$C=-\frac{1}{n}\sum_{i=1}^{n}\left(y_i\log\left(h_\theta\left(x_i\right)\right)+(1-y_i)\log\left(1-h_\theta\left(x_i\right)\right)\right)+\lambda\|\boldsymbol{\theta}\|_2^2 \tag{4-12}$$

式(4-11)和式(4-12)在 LogisticRegression 方法中带了正则化参数项。需要注意的是，在调参时如果我们的主要目的只是解决过拟合，一般 penalty 选择 L2 正则化就够了。但是如果选择 L2 正则化发现还是过拟合，即预测效果差的时候，就可以考虑 L1 正则化。带了 penalty 参数可选择的值为“L1”和“L2”，分别对应 L1 的正则化和 L2 的正则化，默认是 L2 的正则化。可通过参数 penalty 设置其正则化选项，如下述代码所示。

```
#
from sklearn.linear_model import LogisticRegression
model = LogisticRegression(penalty='l2', solver='liblinear',
max_iter=1000)
#
```

4.6 逻辑回归中的计算思维

本章介绍了如何对线性模型进行扩展，继而形成更广义的线性模型——逻辑回归模型。虽然逻辑回归模型的名字是回归，但是它却是用来做二元分类的，即通过对线性输出的挤压，让其变成一个[0,1]的连续数值，然后通过该数值与门限值的比较来判断其类别。

因此逻辑回归模型又被称为 Sigmoid 函数，Sigmoid 函数在人工神经网络(artificial neural network，ANN)中也会被提到，它在 ANN 中实现对神经元是否激活(1/0)状态的判断。因为逻辑回归模型中的系数也能通过梯度下降法迭代求得，因此 Sigmoid 函数也可以通过反传实现对 ANN 网络的参数优化。

除此之外，本章还介绍了广义线性模型中常用的防止过拟合的技术——正则项。正则项通过为代价函数添加惩罚系数，使其可以自动过滤掉一些不太重要的特征项，常用的方法有 L1 范数和 L2 范数惩罚，也就是 Ridge 和 Lasso 算子，实际上这两个算子在其他机器学习算法中也会经常使用，主要功能就是用来对特征空间进行特征选择处理，使其变成稀疏矩阵。

在本章中，逻辑回归作为一种广义的线性模型，为我们带来了一种全新的问题解决思路，即如何将无边际的连续输出通过一个函数转变为有限空间里的连续值，不仅保留了输出的连续性和大小一致性，还使得输出在一个对称的空间里。这样通过判断其中间值就可以简单地将值分为两类，实现对结果的分类判断。

本章带来的另一个有趣的思考方式是如何在目标和惩罚中取得平衡。Lasso 算子和 Ridge 算子给我们带来的启发是，如何在不同的需求中取得平衡。例如，我们会提倡教育多元化发展，要发展学生的学术成绩，也要提升学生的身体素质，还要提高学生的综合素养。直观的优化途径是，直接通过学生投入的时间和精力来实现目标的优化，但是学生的时间和精力投入不是无限的，因此这里必须要加入惩罚系数，即通过引入由过多学习带来的负面情绪构建更为科学的目标函数。投入的时间和精力固然可以提升各方面的成绩，但是同时也会增加学生的负面学习情绪。在代价函数中增加惩罚项“负面学习情绪”，可以防止过度投入时间和精力。因为随着投入时间和精力的过度增加，惩罚数也会增加，此时，不仅无法优化目标，还会恶化结果，而只有在两者间取得平衡时，目标才能得到最优值。

课后练习

1. 思考一下“逻辑回归”一词里带有“回归”，但是为什么它是用来做分类的？
2. 为什么逻辑回归模型只能做二元分类？
3. 逻辑回归模型与“线性”的关联在哪里？
4. 为什么在优化目标函数的时候要使用惩罚系数？

第5章　KNN 分类和回归

本章将介绍另外一种截然不同的分类和回归模型——KNN 模型，这是一种不带参数的模型，在很多文献中又被称为惰性模型。KNN 指的是某个样本的 k 个近邻。KNN 的计算思维体现在先对特征进行独立的相似度计算，然后再将它们整合在一起，计算其距离。如果两个样本在各个特征取值上都完全相同，那么它们之间的距离就为 0；反之，如果两个样本，每个特征的取值都截然不同，那么它们之间的距离就最远。

5.1　KNN 算法的模型

近邻，顾名思义，只有距离上离得足够近，才能被称为邻居，因此 k 个近邻指的是距离上离得最近的 k 个样本。那么怎么样才知道两个样本间的距离是否是最近的呢？在二维空间中，两个点的距离是这样算的，如果点 a 的坐标是 (x_1, y_1)，点 b 的坐标是 (y_2, y_2)，那么两点间的距离为 $\sqrt{(x_1-x_2)^2+(y_1-y_2)^2}$，当扩展到三维空间[即点 a 的坐标是 (x_1, y_1, z_1) 点 b 的坐标是 (x_2, y_2, z_2)]中，两点间的距离公式会改为 $\sqrt{(x_1-x_2)^2+(y_1-y_2)^2+(z_1-z_2)^2}$。如果两个点处在更高的维度中，即两个样本点的特征空间中特征数有 n 个，那么这时，将样本点 a 的坐标修改为 $[x_1, x_2, \cdots, x_n]$，b 的坐标修改为 $[y_1, y_2, \cdots, y_n]$，那么样本点 a 和 b 之间的距离为

$$d(a, b)=\sqrt{(x_1-y_1)^2+(x_2-y_2)^2+\cdots+(x_n-y_n)^2} \tag{5-1}$$

式(5-1)即求解欧几里得距离，因此可看出 KNN 算法的核心模型实际上是计算不同样本两两间的欧几里得距离。而 k 则是模型中的超参，决定了参与判定的样本的数量。例如，k=3 表示找出离待分类最近的 3 个样本，分别查看它们的类别，选择数量最多的类别作为待判断样本的样本分类。

5.2　不插电使用 KNN 模型进行分类

假设目前有如表 5-1 所示的我国南方城市青少年关于身高、体重和性别的数据。将该数据进行可视化展示(图 5-1)，并用“×”号表示男性，用“◆”表示女性。如果我们将数据集中的数据可视化地展示出来，可以看出“×”基本分布在“◆”上方。

表 5-1　我国南方城市青少年关于身高、体重和性别的数据

编号	身高/厘米	体重/公斤	性别
0	165	65	男
1	170	62	男
2	182	75	男
3	188	80	男
4	155	55	女
5	160	60	女
6	172	57	女
7	180	77	女

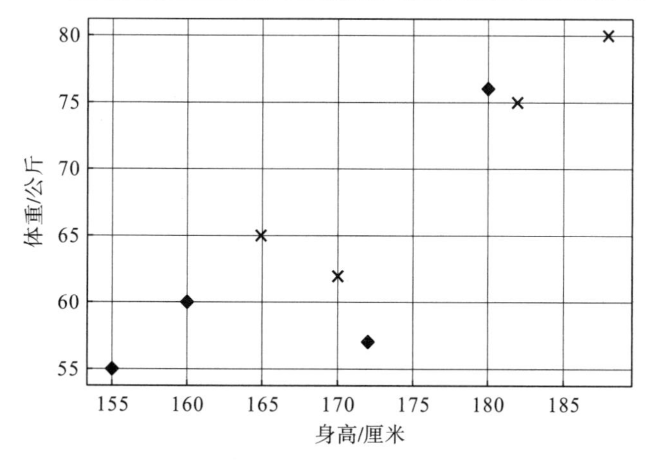

图 5-1　我国南方城市青少年的部分身高、体重样本可视化

如果现在有待判定性别的样本“身高：163 厘米，体重：62 公斤”，分别计算它与训练集中所有样本的欧几里得距离，结果如表 5-2 所示，代码如下。

表 5-2　计算欧几里得距离

样本编号	身高/厘米	体重/公斤	与待分类样本的距离
0	165	65	$\sqrt{(165-163)^2+(65-62)^2}$ =3.61
1	170	62	$\sqrt{(170-163)^2+(62-62)^2}$ =7.0
2	182	75	$\sqrt{(182-163)^2+(75-62)^2}$ =23.02
3	188	80	$\sqrt{(188-163)^2+(80-62)^2}$ =30.81
4	155	55	$\sqrt{(155-163)^2+(55-62)^2}$ =10.63
5	160	60	$\sqrt{(160-163)^2+(60-62)^2}$ =3.61
6	172	57	$\sqrt{(172-163)^2+(57-62)^2}$ =10.29
7	180	77	$\sqrt{(180-163)^2+(77-62)^2}$ =22.67

```
#
import numpy as np
np.sqrt(np.square(165-163)+np.square(65-62))
#
```

如果设置 k=3，那么可发现编号为“1”“2”“6”的样本离目标样本距离最近，其中样本“1”和“2”是男性，样本“6”为女性，根据投票法则，可判断待分类样本的性别为“男性”。实际上，为了防止出现投票平局，即近邻中两个类别的数量一样多，k 一般设为奇数。图 5-2 用“●”表示待分类样本，并将距离上离它最近的 3 个邻居用线圈了起来。

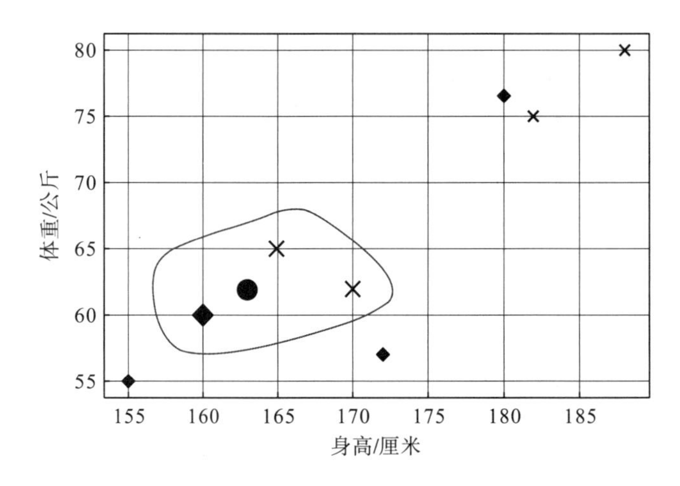

图 5-2 待判别分类样本与已有样本的可视化

5.3 不插电使用 KNN 回归模型

如果将 KNN 算法中的基于 k 个近邻的分类投票规则改为计算 k 个近邻的平均值，那么 KNN 就可以用来做回归。例如，已知有小学 3 年级学生的期末语文成绩、拓展阅读数量、课后作业平均成绩数据如表 5-3 所示，需要通过已有的 4 个同学的信息来预测杨君白和王依然两位同学的期末语文成绩。

表 5-3 用来做 KNN 回归的数据集

序号	姓名	期末语文成绩/分	拓展阅读数量/本	课后作业平均成绩/分
0	张小云	95	4	9.5
1	李瑞涵	94	7	9.3
2	王墨林	90	2	8.5
3	赵佳怡	92	4	8.8
—	杨君白	?	5	9.1
—	王依然	?	3	7.6

接下来以杨君白同学为例，计算她与其他同学的欧几里得距离。计算过程可通过代码段实现，计算结果如表 5-4 所示。

```
#
import numpy as np
X_train = np.array([[9.5, 4], [9.3, 7], [8.5, 2], [8.8, 4]])
x=np.array([[9.1, 5]])
print(np.sqrt(np.sum((X_train-x)**2, axis=1)))
#
```

表 5-4　计算欧几里得距离

样本编号	拓展阅读数量/本	课后作业平均成绩/分	与“杨君白”的距离
0	4	9.5	$\sqrt{(4-5)^2+(9.5-9.1)^2}$ =1.08
1	7	9.3	$\sqrt{(7-5)^2+(9.3-9.1)^2}$ =2.01
2	2	8.5	$\sqrt{(2-5)^2+(8.5-9.1)^2}$ =3.06
3	4	8.8	$\sqrt{(4-5)^2+(8.8-9.1)^2}$ =1.04

因为是计算 k 个近邻的平均值，因此不会产生“平局”的情况，此时考虑到训练样本集数量较少的情况，因此设 k=2。从表 5-4 可知，离杨君白最近的两个邻居分别是编号为 0 的样本和编号为 3 的样本，提取这两个样本的最终成绩计算平均值 $\frac{95+92}{2}$=93.5（分），据此，可预测杨君白同学的期末语文成绩为 93.5 分。

假设杨君白同学的期末语文成绩真实值为 91 分，王依然的期末语文成绩真实值为 93 分，那么模型的性能到底如何呢，在考察其 R^2 值的基础上，同时查看模型的平均绝对偏差（mean absolute error，MAE）和均方误差（MSE）。MAE 就是测试集中所有样本的模型预测值与真实值之间差距的绝对值的平均，可直观地展示模型输出与真实值的差距。

$$\mathrm{MAE}=\frac{1}{n}\sum_{i=1}^{n}|y_i-f(x_i)| \tag{5-2}$$

如果 MAE 很大，说明模型至少在某些样本上的预测偏离程度是很大的。而 MSE 的计算如式（5-3）所示。

$$\mathrm{MSE}=\frac{1}{n}\sum_{i=1}^{n}\left(y_i-f(x_i)\right)^2 \tag{5-3}$$

对模型输出与真实值之间的差异求平方，不仅可以直接将偏差变为正值，同时还在对以 MSE 为目标函数的模型运用梯度下降法时，可以非常便捷地求其导数。在 sklearn 中，可以直接通过调用 KNeighborsRegressor 包来实现基于 KNN 的回归预测。以下代码就展示了上述例子的 KNN 回归预测。

```
import numpy as np
from sklearn.neighbors import KNeighborsRegressor
from sklearn.metrics import r2_score，mean_absolute_error，
mean_squared_error
X_train = np.array([[9.5，4]，[9.3，7]，[8.5，2]，[8.8，4]])
y_train = [95，94，90，92]
X_test = np.array([[9.1，5]，[7.6，3]])
y_test = [91，93]
K = 2
model = KNeighborsRegressor(n_neighbors=K)
model.fit(X_train，y_train)
predictions = model.predict(np.array(X_test))
print('Predicted weight: %s' % predictions)
print('Actual weights: %s' % y_test)
print(r2_score(y_test， predictions))
print('Coefficient of determinnation: %s' % r2_score(y_test，
predictions))
print('Mean absolute error: %s' % mean_absolute_error(y_test，
predictions))
print('Mean squared error: %s' % mean_squared_error(y_test，
predictions))
```

结果显示，杨君白同学的期末语文预测成绩为 93.5 分，王依然同学的期末语文预测成绩为 91 分，因为样本数过少，用于检验回归模型性能的 R^2 值是负数：-4.125，说明其性能不是很理想，进一步查看其 MAE，为 2.25，也就是说平均来看，模型预测的成绩偏差了±2.25 分，而 MSE 值则是 5.13。在以 100 分为满分计的成绩区间，这个偏离程度也还是可以被大多数教师所接受的。

5.4 F1 分 数

F1 分数(F1 score)，又称平衡 F 分数(balanced F score)，它被定义为精确率 P 和召回率 R 的调和平均数：

$$\mathrm{F1} = 2 \cdot \frac{P \cdot R}{P + R} \tag{5-4}$$

在使用精确率和召回率的基础上还要使用 F1 分数的意义在于，当一个模型的性能只在其中一个方面很突出的时候，F1 可以用来综合精确率和召回率的性能，做出综合评价。它的作用与后面提到的 AUC 面积有异曲同工之妙。我们通常使用精确率和召回率这两个

指标来评价二分类模型的分析效果时，是希望通过精确率了解模型对所有判断为正的样本中，有多少是真正的正样本，而召回率则是能告诉我们模型能从所有真正的正样本中找出正样本的比例。这两个指标都是关于正样本被正确判断的比例，但是在使用上需要搭配使用。例如，当一个数据集大部分都是正样本时，一个模型把全部样本都判断为正，也就是说负样本一个没识别出来，但此时，模型的 R=1。而 $P=\frac{|S+|}{|S|}$，其中$|S+|$表示所有正样本的个数，$|S|$表示所有样本的个数。那么这时，不太高的 P 值会告诉我们这个模型其实性能不太理想。

但是，如果有两个模型 A 和 B，A 的精确率高、召回率低，而 B 的精确率低、召回率高，这时综合判断两个模型的性能的指标就是 F1，即将两个指标综合在一起考虑，得分高的性能好。接下来我们分别使用 KNN 分类模型和 LogisticRegression 分类模型来对 5.3 节中的实例数据进行训练，并比较两者在测试集上的性能。设现有如表 5-5 和表 5-6 所示的训练集和测试集。

表 5-5　预测性别的训练数据集

样本编号	身高/厘米	体重/公斤	与待分类样本的距离
0	165	65	$\sqrt{(165-163)^2+(65-62)^2}$ =3.61
1	170	62	$\sqrt{(170-163)^2+(62-62)^2}$ =7.0
2	182	75	$\sqrt{(182-163)^2+(75-62)^2}$ =23.02
3	188	80	$\sqrt{(188-163)^2+(80-62)^2}$ =30.81
4	155	55	$\sqrt{(155-163)^2+(55-62)^2}$ =10.63
5	160	60	$\sqrt{(160-163)^2+(60-62)^2}$ =3.61
6	172	57	$\sqrt{(172-163)^2+(57-62)^2}$ =10.29
7	180	77	$\sqrt{(180-163)^2+(77-62)^2}$ =22.67

表 5-6　预测性别的测试数据集

身高/厘米	体重/公斤	性别
168	65	男性
180	96	男性
160	52	女性
169	67	女性

代码如下。

```
import numpy as np
from sklearn.preprocessing import LabelBinarizer
from sklearn.neighbors import KNeighborsClassifier
from sklearn.linear_model.logistic import LogisticRegression
from sklearn.metrics import accuracy_score
from sklearn.metrics import precision_score
from sklearn.metrics import recall_score
from sklearn.metrics import f1_score

X_train = np.array([[165, 65], [170, 62], [182, 75], [188, 80],
[155, 55], [160, 60], [172, 57], [180, 77]])
y_train = ['男性', '男性', '男性', '男性', '女性', '女性', '女性', '
女性']
labelbinarizer=LabelBinarizer()
y_train_binarized= labelbinarizer.fit_transform(y_train)
K = 3
model1 = KNeighborsClassifier(n_neighbors=K)
model2 = LogisticRegression()
model1.fit(X_train,  y_train_binarized.reshape(-1))
model2.fit(X_train,  y_train_binarized.reshape(-1))
X_test = np.array([[168, 65], [180, 96], [160, 52], [169, 67]])
y_test = ['男性', '男性', '女性', '女性']
y_test_binarized = labelbinarizer.transform(y_test)
predictions1 = model1.predict(X_test)
predictions2 = model2.predict(X_test)

print("KNN Accracy: ", accuracy_score(y_test_binarized,
predictions1))
print('LogisticRegression Accuracy: ', accuracy_score (y_test_
binarized, predictions2))
print('KNN Precision: %s' % precision_score(y_test_binarized,
predictions1))
print('LogisticRegression Precision: %s' % precision_score(y_
test_binarized,  predictions2))
print('KNN  Recall :  %s'  %  recall_score(y_test_binarized ,
predictions1))
print('LogisticRegression Recall: %s' % recall_score(y_test_
```

```
binarized, predictions2))
    print('KNN  F1  score : %s' % f1_score(y_test_binarized ,
predictions1))
    print('LogisticRegression F1 score: %s' % f1_score(y_test_
binarized, predictions2))
```

分别打印出 KNN 模型预测的结果和 LogisticRegression 模型预测的结果可知：

```
KNN: [1 1 0 1]
LogisticRegression: [0 1 0 0]
```

在代码中，使用了两个新工具。一个工具是 sklearn 度量工具包 metrics。我们知道很多模型本身会带有一个性能评价函数：model.score，如果是回归模型，就计算的是 R^2 值，如果是分类模型，就计算的是准确率。但是实际上在评价模型性能时，要考虑的因素实在是太多了，有的时候还需要多个指标交叉印证，在比较多个模型时，则需要进行综合比较。因此 sklearn 的 metrics 工具可以帮助我们方便地使用许多常规度量指标。例如，本例中使用的准确率、精确率、召回率和 F1 值，除此之外，它还提供计算 R^2 值、MAE、MSE、ROC 和 AUC 等诸多性能指标计算函数。另一个工具是 preprocessing 包里的 LabelBinarizer 工具，即将特征值为字符型的数据转换为二进制，也就是 0/1 标记。因为机器学习模型只能处理矩阵，也就是数值型的输入，那么数据的数值化处理是必须要进行的工作，这一点在第 2 章中也提到过了。

虽然两个模型都预测对了 3 个样本，但是明显 KNN 倾向于正向样本预测，而逻辑回归(即代码中的 LogisticRegression)则更倾向于对负向样本进行预测。比较两个模型的准确率、精确率、召回率和 F1 值，则能看出两者的差异来(图 5-3)。虽然两者的准确率都是 0.75，但是 KNN 的精确率却只有约 0.67，而逻辑回归的精确率却是 1.0。而在召回率上，两者的性能又反过来了，KNN 的召回率是 1.0，逻辑回归的召回率只有 0.5。如果综合考虑精确率和召回率的性能，可看出 KNN 的 F1 值是 0.8，而逻辑回归的 F1 值只有约 0.67。因此，可判断，针对当前数据集，KNN 的性能更优一些。

```
KNN Accracy: 0.75
LogisticRegression Accuracy: 0.75
KNN Precision:0.6666666666666666
LogisticRegression Precision:1.0
KNN Recall:1.0
LogisticRegression Recall:0.5
KNN F1 score:0.8
LogisticRegression F1 score:0.6666666666666666
```

图 5-3　KNN 和逻辑回归分类模型的性能比对

5.5 KNN 中的特征标准化

实际上，细心的读者已经发现了，在使用样本特征数据计算欧几里得距离时，每个特征的数值大小对结果的影响是显著的。虽然已经在第 2 章中提到了要对数据做规范化处理，但是在以欧几里得距离为核心的模型里，特征值的数量级会使模型更加敏感。以 5.4 节中的“身高”特征值为例子，如果这个特征采用的单位不同，会造成这个维度属性对欧几里得距离的不同影响，假设用于描述一个人的身高和性别两个维度，其中，身高单位分别用毫米(表 5-7)和用米(表 5-8)。

表 5-7 使用毫米描述身高

样本编码	身高/毫米	性别(1 代表男性，0 代表女性)
0	1700	1
1	1600	0

表 5-8 使用米描述身高

样本编码	身高/米	性别(1 代表男性，0 代表女性)
0	1.7	1
1	1.6	0

现有一身高为 1.64 米的男性，对其做距离测试，在毫米单位下与两个样本的距离分别为：

与 0 样本的距离 Eud=$\sqrt{(1700-1640)^2+(1-1)^2}=60$；

与 1 样本的距离 Eud=$\sqrt{(1600-1640)^2+(0-1)^2}=40$。

因此距离上的结果为更靠近编号为 1 的样本，但是在以米为单位时与两个样本的距离则分别为：

与 0 样本的距离 Eud=$\sqrt{(1.7-1.64)^2+(1-1)^2}$=0.06；

与 1 样本的距离 Eud=$\sqrt{(1.6-1.64)^2+(0-1)^2}=1$。

此时距离上的结果为更靠近编号为 0 的样本。

因为单位的不同，人为地将特征的权重做出了改变，这对样本判定是不公平的，因为在我们无法从训练数据中得知特征的偏向时，应该认为所有特征都是一样重要的。保证特征“公平性”的技术叫特征缩放，常用方法在第 2 章中已经讲过了。接下来，以样本的性别和身高值为特征变量、体重为响应变量，使用 KNN 对样本的体重进行预测。采用标准缩放方法 StandardScaler 来对不同数量级的特征值做规范化处理。现有训练数据集如表 5-9 所示，测试集如表 5-10 所示。

表 5-9　训练集

样本编号	身高/毫米	性别	体重/公斤
0	1750	1	77
1	1700	1	75
2	1820	1	90
3	1880	1	92
4	1550	0	55
5	1600	0	60
6	1720	0	61
7	1800	0	64

表 5-10　测试集

身高/毫米	性别	体重/公斤
1640	1	80
1750	0	56
1600	1	75
1890	0	70

代码如下。

```
import numpy as np
from sklearn.neighbors import KNeighborsRegressor
from sklearn.metrics import r2_score, mean_absolute_error, mean_squared_error
from sklearn.preprocessing import StandardScaler

X_train = np.array([[1750, 1], [1700, 1], [1820, 1], [1880, 1], [1550, 0], [1600, 0], [1720, 0], [1800, 0]])
y_train = np.array([77, 75, 90, 92, 55, 60, 61, 64])
X_test = np.array([[1640, 1], [1750, 0], [1600, 1], [1890, 0]])
y_test = np.array([80, 56, 75, 70])

K = 4
clf = KNeighborsRegressor(n_neighbors=K)
clf.fit(X_train, y_train)
predictions = clf.predict(np.array(X_test))

print('Coefficient of determinnation before using standardscaler: %s' % r2_score(y_test, predictions))
```

```
    print('Mean absolute error: %s' % mean_absolute_error(y_test,
predictions))
    print('Mean square error: %s' % mean_squared_error(y_test,
predictions))

    ss = StandardScaler()
    X_train_scaled = ss.fit_transform(X_train)
    X_test_scaled = ss.transform(X_test)

    clf.fit(X_train_scaled, y_train)
    predictions1 = clf.predict(X_test_scaled)
    print('Coefficient of determinnation after using
standardscaler: %s' % r2_score(y_test, predictions1))
    print('Mean absolute error: %s' % mean_absolute_error(y_test,
predictions1))
    print('Mean square error: %s' % mean_squared_error(y_test,
predictions1))
```

运行上述代码，得到如图 5-4 所示的结果。在使用毫米作为单位进行体重预测时，模型的 R^2 值为负数，MAE 为 13.375，而在使用了特征标准化处理后，模型的 R^2 值约为 0.5327，MAE 缩小为 5.875。模型性能得到明显提升。

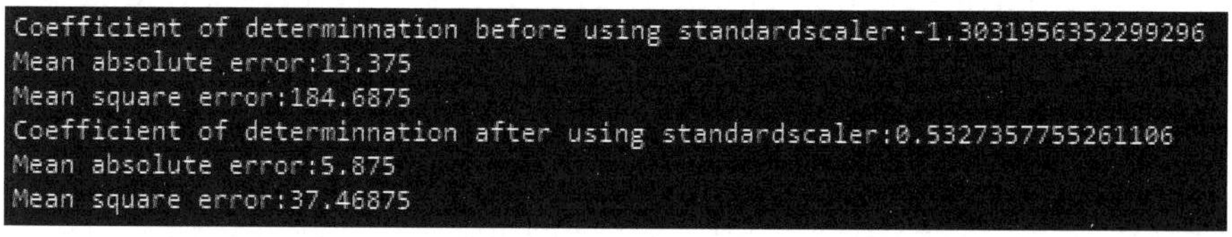

```
Coefficient of determinnation before using standardscaler:-1.3031956352299296
Mean absolute error:13.375
Mean square error:184.6875
Coefficient of determinnation after using standardscaler:0.5327357755261106
Mean absolute error:5.875
Mean square error:37.46875
```

图 5-4 对特征做范式化处理前后的模型性能对比

5.6 KNN 模型的计算思维

KNN 模型的核心是欧几里得距离，欧几里得距离实际上是一种非常实用的计算相似度的工具。当我们无法有效判断两个事物的相似程度时，我们可以通过分别比较它们的共同点，然后在逐个比较这些共同点的基础上得出一个综合结论，即“在距离上，我们离得是近还是远”。如果离得近，那么我们很相似，如果离得远，我们就不相似。如果我们就是完全一模一样的，那么我们的距离是 0。实际上世界中并不存在两个一模一样的事物，即使是双胞胎，他们也会有不同。

通过综合比较不同特征的相似度，最后得到一个整体的结论，即“我们之间的距离到底是近还是远”是符合人类对于事物判断的直觉的。将待比较的特征列出来，并将其量化，然后再进行计算，并做出响应，这是人脑进行信息处理的一个基本过程。我们在做练习题时，如果感觉这道题很陌生，无法下手，那么说明这道题所反映的特征你没有见过，又或者是你见过，但是因为特征出现频次不够高，你已经遗忘了，因此你并没有建立关于这些特征的“模式”；相反，如果你对这道题感觉很熟悉，并且能准确地说出见过类似的题，说明你对这道题的特征是非常熟悉的，已经习得了关于这些特征的“模式”，而且对于特征产生的组合特征、迁移特征都有了识别能力。因此你能在第一时间通过比较模式的特征和题的特征得到它们是“相似”的结论。

跟机器学习类似的人脑的“模式(特征)学习”也许会让你会觉得大脑的这种关于“学习”的处理过程非常神奇。实际上人脑有多个基础的“学习系统”，有些“技能”你学习到了，会在微秒级对相关特征作出反应。例如，你可以很快分辨出迎面而来的是一只猫还是狗，这个技能是你在成长过程中不断接受猫和狗的特征学习而逐渐熟悉，并形成模式，注册在脑中的。回顾一下，似乎你从出生后，就开始进行关于猫和狗的特征学习了，不仅在书中，在电视、游戏中，生活中处处都是它们的影子，这就是大数据特征习得的过程。KNN 模型算法是基于特征量化并据此开展不同样本模式相似度比较的最直观也是最简单的过程，在后面的章节中，将介绍很多其他的更复杂的比较(分类)方法。

课后练习

已知有如下表所示的 8 个样本，观察点(1.6,0.3)用 KNN 模型判断其类别，k=3。要求：

(1)算出观察点到每个测试集样本的欧几里得距离；

(2)列出前 k 个近邻的序号；

(3)写出 KNN 分类的 Python 代码。

ID	x	y	类别
1	0	0	0
2	0.1	0.3	0
3	0.2	0.1	0
4	0.2	0.2	0
5	1	0	1
6	1.1	0.3	1
7	1.2	0.1	1
8	1.2	0.2	1

第6章 朴素贝叶斯

本章介绍如何使用经验数据，在给定特征值的前提下计算一个样本属于不同类别的概率。它的核心数学模型为贝叶斯公式，运用的计算思维是根据观察在经验数据样本集中，待分类样本的各个特征值在不同类别中出现的概率，然后综合计算这些特征联合出现在某种分类中的概率。进行分类时，并不是根据这些绝对概率值，而是比较不同类别出现这些特征的相对概率，选择出现概率较大的分类为最终决策类别。

6.1 贝叶斯公式

在介绍朴素贝叶斯预测模型之前，先介绍一下它的核心数学模型——贝叶斯(Bayesian)公式。贝叶斯公式如式(6-1)所示，是用能观测到的条件概率来推测一些无法观测到的事件的条件概率。在式(6-1)中，A 和 B 分别代表事件，$P(A)$ 是观测到的事件 A 发生的概率，$P(B)$ 是观测到的事件 B 发生的概率。

$$P(A|B)=\frac{P(B\mid A)P(A)}{P(B)} \tag{6-1}$$

以新型冠状病毒检测为例，即使在新型冠状病毒席卷全球最糟糕的时刻，我国国内的得病率也相对较低，假设目前疫情仍未得到控制，得病率在0.01%左右，即1万人中大概会有 1 个人患病，而新型冠状病毒试纸的敏感性(召回率)为 89%，特异性(真阴性比例)为91%。之前介绍召回率的时候提到过它又被称为敏感性，检测的是得病群体里能被检测出来的比例，而特异性则关心的是真阴性的比例，即未得病群体里被正确检测为阴性的比例。由此可以看出，因为试纸的召回率为89%，意味着100个患病者中有89个可以被检测出来，11个可能会被漏掉；而100个未患病的群体里，有91个人会被试纸标记为阴性，而剩下的9个则会被误判为阳性。那么这个时候，如果一个人新型冠状病毒检测为阳性，他真正患病的概率是多大呢？

设事件 A 为患病，事件 B 为试纸检测为阳性，那么此时要计算的是 $P(A\mid B)$，根据式(6-1)，$P(B\mid A)$ 代表感染新型冠状病毒并被检测为阳性的概率，即召回率为89%；$P(A)$ 代表感染新型冠状病毒的概率，即0.01%；$P(B)$ 表示试纸检测为阳性的概率。

从上述描述中发现没有给出这个数据，但是这个数据可以从关于事件 B 的全概率公式得到

$$P(B)=P(B|A)P(A)+P(B|\neg A)P(\neg A) \tag{6-2}$$

其中，A 代表感染新型冠状病毒事件，而 $\neg A$ 代表未感染新型冠状病毒事件。

如前所述，$P(B \mid A)$ 和 $P(A)$ 都有对应数据，那么 $P(B|\neg A)$ 和 $P(\neg A)$ 该怎么获得呢？首先来看 $P(\neg A)$，因为人群中关于是否感染新型冠状病毒的分类只有两类：感染新型冠状病毒和未感染新型冠状病毒。因此 $P(A)+P(\neg A)=1$，也就是说 $P(\neg A)=1-P(A)=1-0.0001=0.9999$。$P(B|\neg A)$ 表示的是未感染新型冠状病毒但是被检测为阳性的概率，也就是假阳性的概率，因为知道特异性=0.91，那么假阳性的概率=1-特异性=0.09。接下来根据公式计算 P(B)：

$$P(B) = P(B|A)P(A) + P(B|\neg A)P(\neg A)$$
$$=0.89\times 0.0001+0.09\times 0.9999$$
$$=0.09$$

接下来根据式(6-1)计算 $P(A|B)$

$$P(A|B) = \frac{P(B \mid A)P(A)}{P(B)}$$
$$= \frac{0.89\times 0.0001}{0.09}$$
$$= 0.001$$

也就是说即使试纸检测出来是阳性，因为发病率实在是不高，所以其实真正感染新型冠状病毒的概率只有 0.1%。

6.2　朴素贝叶斯模型

6.2.1　朴素贝叶斯模型的基本原理

如果想利用贝叶斯公式来做分类预测，那么这时 A 事件可以代表某种类别，而 B 事件代表一个特征的某种取值。但是从前面介绍的其他模型可以知道，这个公式是不实用的，因为首先，特征不会只有一个，都是多个特征；其次，很多特征的值无法只取一个固定值，除非这个特征是如“男性/女性”这样的类别属性。因此，贝叶斯公式需要被改写成能够处理分类问题的形式：

$$P(A| b_1, b_2,\cdots,b_m) = \frac{P(b_1, b_2,\cdots, b_m \mid A)P(A)}{P(b_1, b_2,\cdots, b_m)} \tag{6-3}$$

其中，A 代表某种分类；b_i 代表某个特征取值。

首先来看看 $P(b_1, b_2,\cdots,b_m \mid A)$ 怎么获得，根据链式法则，$P(b_1, b_2 \cdots, b_m \mid A)$ 可以通过公式(6-4)计算得到

$$P(b_1, b_2,\cdots,b_m|A) = P(b_1|A)P(b_2|A, b_1)\cdots P(b_m \mid A, b_1, b_2,\cdots, b_{m-1}) \tag{6-4}$$

式(6-4)中的每一项不容易获得，因此这里假设特征 b_i 与 $b_j (i \neq j)$ 之间是条件独立的，那么在计算特征 b_i 的条件概率时，是与其他任何 $b_j (i \neq j)$ 无关的，这时，式(6-4)就可以被简单地写为如式(6-5)所示，因此这个贝叶斯公式也被称为朴素贝叶斯(naive Bayesian,

NB）公式：

$$P(b_1, b_2, \cdots, b_m|A) = P(b_1|A)P(b_2|A)\cdots P(b_m|A) = \prod_{i=1}^{m} P(b_i|A) \tag{6-5}$$

因为分类预测实际上是计算 $\max_A P(A|b_1, b_2, \cdots, b_m)$，也就是若样本的特征值为 $[b_1, b_2, \cdots, b_m]$，那么在该样本关于各种可能分类的概率中选择最大概率作为它的分类预测结果。因此，虽然该样本在计算不同分类的概率时式(6-3)的分子是不同的，但是分母都是 $P(b_1, b_2, \cdots, b_m)$，那么是否除以分母都不影响结果，有

$$P(A|b_1, b_2, \cdots, b_m) = \frac{P(b_1, b_2, \cdots, b_m | A)P(A)}{P(b_1, b_2, \cdots, b_m)} \propto P(A)\prod_{i=1}^{m} P(b_i|A) \tag{6-6}$$

6.2.2 不插电运用朴素贝叶斯公式进行分类预测

接下来看一个用朴素贝叶斯公式进行分类预测的简单例子。例如，如表 6-1 所示的数据集，数据集中特征为可能会造成飞机延误的起飞地因素：天气、能见度、是否是廉价航空以及是否遭遇空中交通管制。现有某航班起飞前遭遇刮风，且能见度低，不是廉价航空，目前空中交通管制，用朴素贝叶斯公式预测该航班是否能按时起飞。

表 6-1 飞机是否延误的经验数据

天气	能见度	是否是廉价航空	是否遭遇空中交通管制	是否延误
雨天	高	是	是	是
刮风	低	是	否	是
晴天	高	是	是	是
雨天	低	否	否	是
雨天	低	是	否	是
晴天	高	否	是	否
刮风	低	否	否	否
刮风	高	是	是	否
雨天	高	否	否	否
雨天	低	是	是	否

设 $A0$=延误，$A1$=不延误，那么需要分别计算 $P(A0|b_1 = \text{刮风}, b_2 = \text{低}, b_3 = \text{不是廉价航空}, b_4 = \text{空中管制})$ 和 $P(A1|b_1 = \text{刮风}, b_2 = \text{低}, b_3 = \text{不是廉价航空}, b_4 = \text{空中管制})$。依次计算每种分类的概率。

(1) 首先计算 $P(A0)$ 和 $P(b_i|A0)$，从表 6-1 可看出，10 条记录中有 5 条是延误的，所以 $P(A0)$ =5/10=0.5。接着观测 $P(b_1 = \text{刮风}|A0)$，从 5 条延误的记录中可看到有 1 条是满足“天气”特征为“刮风”的。所以 $P(b_1 = \text{刮风}|A0) = \frac{1}{5} = 0.2$；同理，5 条延误记录中可观

测到有 3 条记录是满足“能见度”特征为“低”的。所以 $P\left(b_2=\text{低}|A0\right)=\frac{3}{5}=0.6$；延误的记录中有 1 条记录是满足“是否是廉价航空”特征为“否”的。所以 $P\left(b_3=\text{不是廉价航空}|A0\right)=\frac{1}{5}=0.2$；延误的记录中有 2 条记录是满足“是否遭遇空中交通管制”特征为“是”的。所以 $P\left(b_4=\text{空中管制}|A0\right)=\frac{2}{5}=0.4$。根据式(6-6)可算出

$$
\begin{aligned}
&P(A0|\ b_1=\text{刮风}, b_2=\text{低}, b_3=\text{不是廉价航空}, b_4=\text{空中管制})\\
&\propto 0.5\times0.2\times0.6\times0.2\times0.4\\
&=0.0048
\end{aligned}
$$

(2) 计算 $P(A1)$ 和 $P\left(b_i|A1\right)$，从表 6-1 可看出，10 条记录中有 5 条是没有延误的，所以 $P(A1)=5/10=0.5$。接着观测 $P\left(b_1=\text{刮风}|A1\right)$，从 5 条未延误的记录中可看到有 2 条是满足“天气”特征为“刮风”的。所以 $P\left(b_1=\text{刮风}|A1\right)=\frac{2}{5}=0.4$；同理，5 条未延误记录中可观测到有 2 条记录是满足“能见度”特征为“低”的。所以 $P\left(b_2=\text{低}|A1\right)=\frac{2}{5}=0.4$；未延误的记录中有 3 条记录是满足“是否是廉价航空”特征为“否”的。所以 $P(b_3=\text{不是廉价航空}|A1)=\frac{3}{5}=0.6$；未延误的记录中有 3 条记录是满足“是否遭遇空中交通管制”特征为“是”的。所以 $P\left(b_4=\text{空中管制}|A1\right)=\frac{3}{5}=0.6$。根据式(6-6)可算出

$$
\begin{aligned}
&P(A1|\ b_1=\text{刮风}, b_2=\text{低}, b_3=\text{不是廉价航空}, b_4=\text{空中管制})\\
&\propto 0.5\times0.4\times0.4\times0.6\times0.6\\
&=0.0288
\end{aligned}
$$

(3) 因为 $P(A1|\ b_1，b_2，b_3，b_4)>P(A0|\ b_1，b_2，b_3，b_4)$，所以预测该航班不会延误。

6.3　高斯朴素贝叶斯(Gaussian NB)

6.3.1　高斯朴素贝叶斯的原理

实际上，细心的读者会发现表 6-1 中的特征取值都非常局限，只能是某种固定类型中的一种，但是如果特征的取值是连续值，如身高、体重，那么这时从统计的角度是无法计算概率的。这时假设数据的特征值服从高斯分布，即正态分布，利用概率密度函数，如式(6-2)所示，求解样本关于某个分类的概率。

$$
f\left(x\right)=\frac{1}{\sqrt{2\pi\sigma^2}}\exp\left(-\frac{(x-\mu)^2}{2\sigma^2}\right) \tag{6-7}
$$

其中，σ^2 是经验样本数据关于该特征的方差；μ 是均值。

实际上，从图 6-1 可看出，数据集不同的方差值和不同的平均值，经过概率密度函数的转换，数据集不同类别的某种特征值都可以被压缩在一条钟形的曲线上，这条曲线会展示数据集不同类别关于这个特征的所有值的分布区间。当均值为 0 时，所有的数据都均匀地分布在 0 的两侧，方差越大，数据越分散，方差越小，数据越集中。这与方差反映数据间差异性的特征是吻合的。实际上我们大致能够看出高斯朴素贝叶斯模型使用概率密度函数的用意：假设不同类别的所有特征的值都是服从高斯分布的，然后通过不同类别的观测样本某个特征值的方差和均值，将这些数据转换成分散在曲线上的点，也就是概率输出。因为曲线没有改变原始数据间的大小关系、密集关系以及差异关系等性质，所以这个概率输出是可信的。例如，身高 1.75 米，这个身高在男性群体中可能很常见，甚至有可能是男性群体的平均身高，所以这个值会落在曲线的靠近顶部的位置，y 值很大；而相反，这个身高在女性群体中很少见，所以这个身高在女性分类的曲线上会落在出现概率较低的区间，y 值很小，如图 6-2 所示。

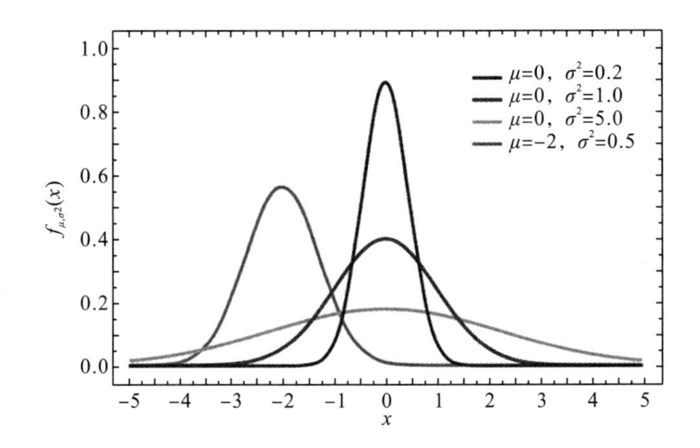

图 6-1 服从高斯分布的概率密度函数

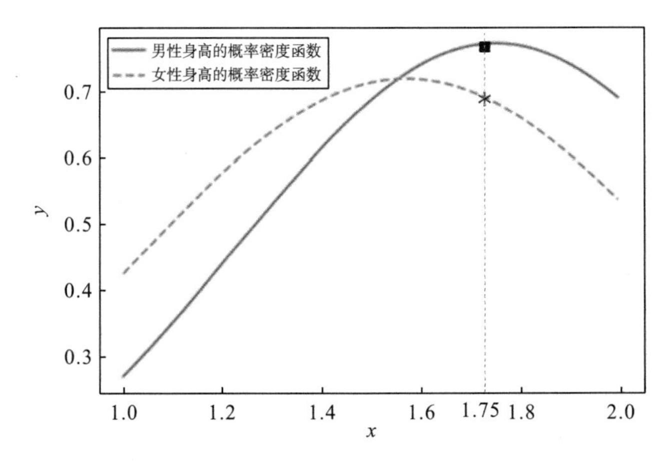

图 6-2 1.75 米身高在男女性群体里的不同输出

6.3.2　不插电运用高斯朴素贝叶斯

接下来通过一个例子来说明高斯朴素贝叶斯模型是如何工作的。设有如表 6-2 所示的关于不同种类的鸢尾花样本集，现假设有一朵鸢尾花，它的萼片长度为 6.7 厘米，萼片宽度为 3.1 厘米，花瓣长度为 5.6 厘米，花瓣宽度为 0.7 厘米。那么使用高斯朴素贝叶斯模型预测它的种类。

表 6-2　鸢尾花特征和品种分类部分样本示例

实例 ID	萼片长度(b1)/厘米	萼片宽度(b2)/厘米	花瓣长度(b3)/厘米	花瓣宽度(b4)/厘米	鸢尾花种类['setosa'(0),'versicolor'(1),'virginica'(2)]
1	5.1	3.5	1.4	0.2	0
2	4.9	3	1.4	0.2	0
3	4.7	3.2	1.3	0.2	0
4	5.4	3.9	1.7	0.4	0
5	5.3	3.7	1.5	0.2	0
6	5.6	3	4.1	1.3	1
7	5.7	2.8	4.5	1.3	1
8	6.7	3.1	4.4	1.4	1
9	5.7	3	4.2	1.2	1
10	6.8	3	5.5	2.1	2
11	5.7	2.5	5	2	2
12	5.8	2.8	5.1	2.4	2
13	6.4	3.2	5.3	2.3	2

(1) 首先考虑它是 setosa 类，即计算标记为 0 类鸢尾花的概率。0 类的各个特征的均值 μ 和方差 σ^2 见表 6-3。

表 6-3　0 类鸢尾花的特征均值和方差

实例 ID	萼片长度/厘米	萼片宽度/厘米	花瓣长度/厘米	花瓣宽度/厘米
1	5.1	3.5	1.4	0.2
2	4.9	3	1.4	0.2
3	4.7	3.2	1.3	0.2
4	5.4	3.9	1.7	0.4
5	5.3	3.7	1.5	0.2
μ	5.08	3.46	1.46	0.24
σ^2	0.082	0.133	0.023	0.008

接着计算 $P(b_1=6.7|A=0)=\frac{1}{\sqrt{2\pi\times 0.082}}\exp\left(-\frac{(6.7-5.08)^2}{2\times 0.082}\right)=1.56$，计算可以通过下述代码实现。

```
#
import numpy as np
miu=5.08
var=0.082
P_b1=(1/(np.sqrt(2*np.pi*var)))*np.exp(-((6.7-miu)**2)/(2*var))
#
```

计算 $P(b_2=3.1|A=0)=\frac{1}{\sqrt{2\pi\times 0.133}}\exp\left(-\frac{(3.1-3.46)^2}{2\times 0.133}\right)=0.67$；

计算 $P(b_3=5.6|A=0)=\frac{1}{\sqrt{2\pi\times 0.023}}\exp\left(-\frac{(5.6-1.46)^2}{2\times 0.023}\right)=3.999$；

计算 $P(b_4=0.7|A=0)=\frac{1}{\sqrt{2\pi\times 0.008}}\exp\left(-\frac{(0.7-0.24)^2}{2\times 0.008}\right)=8.05$；

因为 13 条样本中有 5 条的类别是 0，所以 $P(A=0)=5/13=0.38$，根据式(6-6)，可计算该样本为 0 类的概率为

$$P(A=0|\ b)\propto P(A)\prod_{i=1}^{m}P\left(b_i|A\right)$$

$$=0.38\times 1.56\times 0.67\times 3.999\times 8.05$$

$$=12.79$$

(2)接下来考虑它是 versicolor 类，即计算标记为 1 类鸢尾花的概率。1 类的各个特征的均值 μ 和方差 σ^2 见表 6-4。

表 6-4　1 类鸢尾花的特征均值和方差

实例 ID	萼片长度/厘米	萼片宽度/厘米	花瓣长度/厘米	花瓣宽度/厘米
6	5.6	3	4.1	1.3
7	5.7	2.8	4.5	1.3
8	6.7	3.1	4.4	1.4
9	5.7	3	4.2	1.2
μ	5.925	2.975	4.3	1.3
σ^2	0.269167	0.015833	0.033333	0.006667

计算 $P(b_1=6.7|A=1)=\frac{1}{\sqrt{2\pi\times 0.269}}\exp\left(-\frac{(6.7-5.925)^2}{2\times 0.269}\right)=0.252$；

计算 $P(b_2=3.1|A=1)=\frac{1}{\sqrt{2\pi\times 0.0158}}\exp\left(-\frac{(3.1-2.975)^2}{2\times 0.0158}\right)=1.936$；

计算 $P(b_3=5.6|A=1)=\dfrac{1}{\sqrt{2\pi\times 0.033}}\exp\left(-\dfrac{(5.6-4.3)^2}{2\times 0.033}\right)=1.66\times 10^{-11}$；

计算 $P(b_4=0.7|A=1)=\dfrac{1}{\sqrt{2\pi\times 0.007}}\exp\left(-\dfrac{(0.7-1.3)^2}{2\times 0.007}\right)=3.24\times 10^{-11}$

因为 $P(A=1)=4/13=0.31$，计算该样本为 1 类的概率为

$$\begin{aligned}P(A=1|b) &\propto P(A)\prod_{i=1}^{m}P\left(b_i|A\right)\\ &=8.09\times 10^{-23}\end{aligned}$$

(3) 接下来考虑它是 virginica 类，即标记为 2 的鸢尾花的概率。可知 $P\left(A=1|b\right)\approx 2.11\times 10^{-16}$。

(4) 综合比较 $P(A=0|b)$，$P(A=1|b)$ 和 $P(A=2|b)$，可判断该花为 0 类，即 setosa 类鸢尾花。

虽然鸢尾花分类的例子很好地说明了高斯朴素贝叶斯的工作原理，但是在实际情况中，我们经常会遇到方差为 0 的情况，这时，式(6-7)的分母会为 0。因此，需要对方差做平滑处理，也就是说要规避分母为 0 而出现计算错误的情况。通常的平滑处理方法为设置一个平滑系数 ε，然后选择特征方差中的最大值 max_var，将每个方差 var 更新为 var=var+$\varepsilon\cdot$max_var，以此避免方差为 0 的情况。

6.4 sklearn 中的朴素贝叶斯模型

sklearn 提供了 3 种朴素贝叶斯分类算法：Gaussian NB（高斯朴素贝叶斯）、multinomial NB（多项式朴素贝叶斯）和 Bernoulli NB（伯努利朴素贝叶斯）。除了上面已经介绍的 Gaussian NB，sklearn 提供的 multinomial NB 方法通常用于文本分类，特征是单词，值是关于某个单词的权重值。机器学习中，对自然语言的处理，最简单的方式是通过提取文本中文字出现的频率来构建一个关于词频率的向量，一个词频向量就代表一篇文章。但是在实际处理时却发现，这种单纯的通过词频来代表文章的一个特征是存在问题的，比如当待比较的两篇文档的长度不一致时，在模型中使用词频绝对值是有问题的。例如一篇文档有 1 万字，词“education”出现了 500 次，而另一篇文档总长度为 500 字，“education”出现了 50 次，从绝对值上看，前者词频更高，那么是否是前者与教育主题更相近呢？其实并不是，但是当我们计算比例时可以发现前者中使用“education”这个词的比例是 0.05，后者使用“education”这个词的比例是 0.1。

直接使用单词词频绝对值的另一个问题是，如果文本中频繁出现冠词“the”、连接词“and”等词，都会影响对文章内容的判断。例如当待比较的文章中，因为这些频繁出现的词的词频远远高于其他词，那么在模型计算时，这些高频词就会对结果做出突出贡献（计算欧几里得距离时，高频词所在的维度计算结果会左右最终的距离），结果发现待比较文章都非常相似，根本看不出差异来。

所以在这个前提下，sklearn 提供一个 TfdfTransformer 类来对英文词频向量做规范化

处理。这里的规范化处理主要有集中超参配置。

(1)默认，默认情况下 TfdfTransformer 只对词频向量做 L2 范式处理，即将词频向量转换为 $f(t)=\frac{f(t)}{\|f(t)\|}$。

(2)sublinear_tf=true 对词频向量做对数缩放，即 $f(t)=1+\log f(t)$。

(3)过滤掉常用词选项，过滤掉常用词指通过使用英文单词的“停用词”，即过滤掉每篇文章都高频出现的词，然后再来计算每个词的权重，设置 stop_words='english'。

(4)使用逆文档指数 idf。use_idf=true 可计算每个词的逆文档指数值，即 $\mathrm{idf}(t,D)=\log\frac{|D|}{1+|d\in D,\ t\in d|}$。如果现在有文档集 D，总共有$|D|$篇文档，$D\gg 1$，那么如果一个词出现在了文集中的每一篇文档中，此时有 $|D|\approx 1+|d\in D,\ t\in d|$，$\log\frac{|D|}{1+|d\in D,\ t\in d|}$会非常靠近 0，也就是说这个词的逆文档指数 idf 会很小。反之，如果一个词只出现在一篇文献中，那么 $\log\frac{|D|}{1+|d\in D,\ t\in d|}=\log\frac{|D|}{2}$。总之，在使用 Multinomial NB 进行文本分类时，其特征值就是不同超参情况下 TfdfTransformer 生成的词权重向量。

除了 Gaussian NB 和 multinomial NB 分类，sklearn 还提供 Bernoulli NB(伯努利朴素贝叶斯)分类方法，这种方法与 multinomial NB 适用场景类似，区别在于要求每个特征的取值只能是 1 和 0(以文本分类为例，某个单词在文档中出现过，则其特征值为 1，否则为 0)的数据分类。

6.5 在 sklearn 中使用 NB 模型

前文已经介绍了 KNN、逻辑回归等分类模型，本节除了介绍如何在 sklearn 中使用朴素贝叶斯模型进行数据分类，同时还将对 3 种分类模型在同一个数据集上的性能做一个综合的比较。这里通过使用 sklearn 自带的小数据集 load-breast-cancer 来进行说明。

```
from sklearn import datasets
import numpy as np
from sklearn.model_selection import train_test_split
from sklearn import linear_model
from sklearn.linear_model import LogisticRegression
from sklearn.naive_bayes import GaussianNB
from sklearn.neighbors import KNeighborsClassifier
import matplotlib.pyplot as plt

cancer = datasets.load_breast_cancer()
X = cancer.data
```

```
    y = cancer.target
    X_train, X_test, y_train, y_test = train_test_split(X, y,
test_size=0.2)

    model1 = LogisticRegression()
    model2 = GaussianNB()
    model3 = KNeighborsClassifier()

    model1_scores=[]
    model2_scores=[]
    model3_scores=[]

    train_sizes=range(10, len(X_train), 25)

    for i in train_sizes:
        X_slice, _, y_slice, _=train_test_split(X_train, y_train,
train_size= i, stratify=y_train, random_state=11)
        model1.fit(X_slice, y_slice)
        model1_scores.append(model1.score(X_test, y_test))
        model2.fit(X_slice, y_slice)
        model2_scores.append(model2.score(X_test, y_test))
        model3.fit(X_slice, y_slice)
        model3_scores.append(model3.score(X_test, y_test))
    plt.plot(train_sizes , model1_scores , linestyle="solid" ,
label='LogisticRegression')
    plt.plot(train_sizes, model2_scores, linestyle="dashed",
label='GaussianNB')
    plt.plot(train_sizes, model3_scores, linestyle="dashdot",
label='KNeighborsClassifier')

    plt.title("Classification ccuracy of LogisticRegression ,
GaussianNB and KNN")
    plt.xlabel('Number of training instances')
    plt.ylabel('Test set sccuracy')
    plt.legend()
```

3 种模型的效果对比如图 6-3 所示。从图 6-3 中可以看出，KNN 的效果最差，逻辑回归和 Gaussan NB 的效果差异不大。

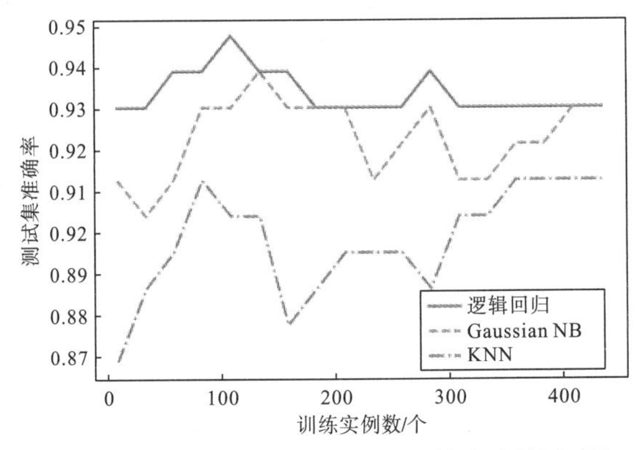

图 6-3 3 种模型在乳腺癌测试集上的分类效果对比

6.6 ROC 曲线和 AUC 面积

前文介绍了准确率(ACC)、精确率(CP)、召回率(R)、F1 值，以及用以对真阳(TP)、假阳(FP)、真阴(TN)和假阴(FN)数量可视化呈现的混淆矩阵。本节将介绍另外一种判断模型性能的工具：ROC 曲线和 AUC 面积。ROC 曲线的纵轴是召回率(R)，横轴是假阳性率(false positive rate，FPR)。因为召回率代表的是所有真正正样本中被预测为正样本的比例，因此召回率又被称为查全率。而 FPR 则指的是被错误预测为阳性的样本比例：

$$R = \frac{\text{TP}}{\text{TP}+\text{FN}}$$

$$\text{FPR} = \frac{\text{FP}}{\text{TN}+\text{FP}} \tag{6-8}$$

从图 6-4 可以看出，ROC 曲线就是真阳率随假阳率增长的变化情况。我们还是用新型冠状病毒检测试纸一例来讲解 ROC 曲线的作用。之前已经提到过，用以检测病毒的试纸，如果要增加其敏感度(R 值增大)，也就是说希望“宁错过，不放过”，那么随着真阳性被最大可能地检测出来，不可避免地就会产生假阳性，也就是说可能并未感染病毒，但是因为试纸的敏感度太高，而被误诊为阳性。但是我们依然希望试纸能随着敏感度的增加，其诊断为假阳性的比例尽可能少增加。因此，ROC 曲线就是用来判断随着试纸敏感度的增加，其控制假阳性的能力。

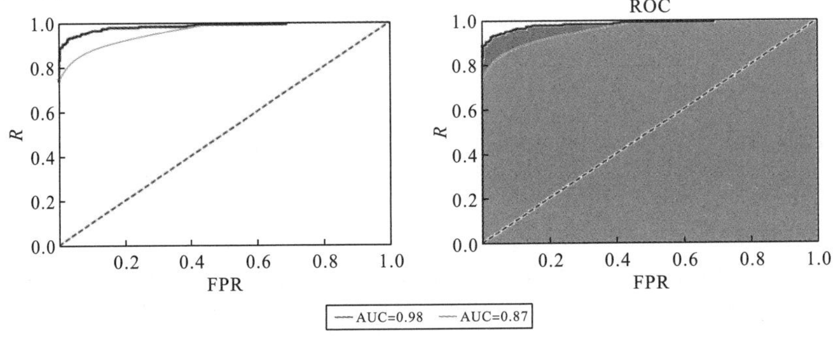

图 6-4 两条不同的 ROC 曲线和其对应的不同 AUC 面积

图 6-4 展示的两种试纸(蓝色试纸和绿色试纸)的性能，蓝色曲线代表蓝色试纸的 ROC 值，而绿色曲线代表绿色试纸的 ROC 值，很明显绿色试纸的性能就没有蓝色试纸的性能好，因为在同样增加的假阳性比例下，绿色试纸的敏感度增加幅度没有蓝色曲线大，也就是说相同数量的患病群体，蓝色试纸检测出来的比例是高于绿色试纸的。

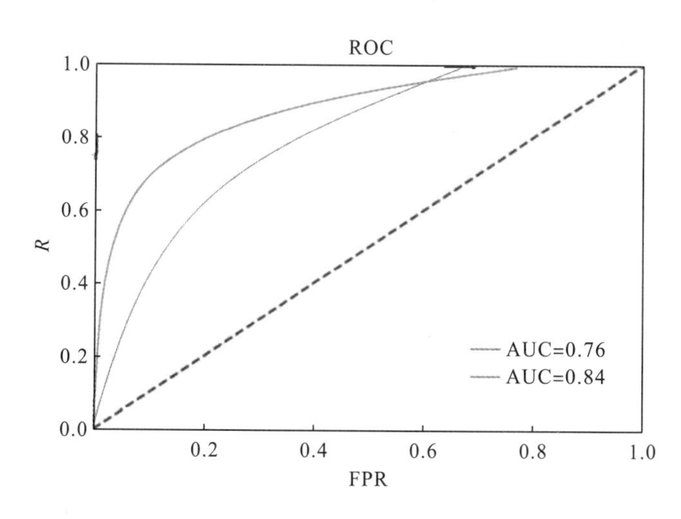

图 6-5　ROC 曲线有交叉的情况下

在这个前提下，AUC 面积就是曲线以下的面积，如果要比较两种模型的性能，那么只需要观察两个模型的 ROC 曲线及其 AUC 面积就可以了。在图 6-4 这个例子中，因为蓝色试纸和绿色试纸的曲线并没有出现交叉，因此 AUC 面积的作用并不是很突出，但是如图 6-5 所示的两个模型的 ROC 曲线出现了交叉，即绿色试纸并不是持续强于蓝色试纸，那么这时，通过计算其各自的 AUC 面积，可以比较科学地考察其总体性能之间的差异。经过 AUC 面积的计算可知，绿色试纸的性能稍强于蓝色试纸。

将上述 3 个模型的 ROC 曲线和 AUC 面积绘制出来，绘制代码如下所示。从图 6-6 可以看出 3 个模型中 KNN 的 AUC 面积最小，逻辑回归的面积次之，Gaussian NB 的面积最大。看起来好像跟之前的学习曲线结论不太一样，实际上，模型的性能并不是稳定不变的，当训练集和测试集发生改变时，它的性能也会随之波动。我们通常会取多次运行结果的平均值来作为模型最终的性能结果。

```
from sklearn import datasets
import numpy as np
from sklearn.model_selection import train_test_split
from sklearn import linear_model
from sklearn.linear_model import LogisticRegression
from sklearn.naive_bayes import GaussianNB
from sklearn.neighbors import KNeighborsClassifier
import matplotlib.pyplot as plt
```

```
cancer = datasets.load_breast_cancer()
X = cancer.data
y = cancer.target
X_train， X_test， y_train， y_test = train_test_split(X， y，
test_size=0.2)

model1 = LogisticRegression()
model2 = GaussianNB()
model3 = KNeighborsClassifier()

model1_scores=[]
model2_scores=[]
model3_scores=[]

train_sizes=range(10， len(X_train)， 25)

for i in train_sizes:
    X_slice， _， y_slice， _=train_test_split(X_train， y_train，
train_size= i， stratify=y_train， random_state=11)
    model1.fit(X_slice， y_slice)
    model1_scores.append(model1.score(X_test， y_test))
    model2.fit(X_slice， y_slice)
    model2_scores.append(model2.score(X_test， y_test))
    model3.fit(X_slice， y_slice)
    model3_scores.append(model3.score(X_test， y_test))
plt.plot(train_sizes ， model1_scores ， linestyle="solid" ，
label='LogisticRegression')
plt.plot(train_sizes ， model2_scores ， linestyle="dashed" ，
label='GaussianNB')
plt.plot(train_sizes ， model3_scores ， linestyle="dashdot" ，
label='KNeighborsClassifier')

plt.title("Classification ccuracy of LogisticRegression ，
GaussianNB and KNN")
plt.xlabel('Number of training instances')
plt.ylabel('Test set sccuracy')
plt.legend()
```

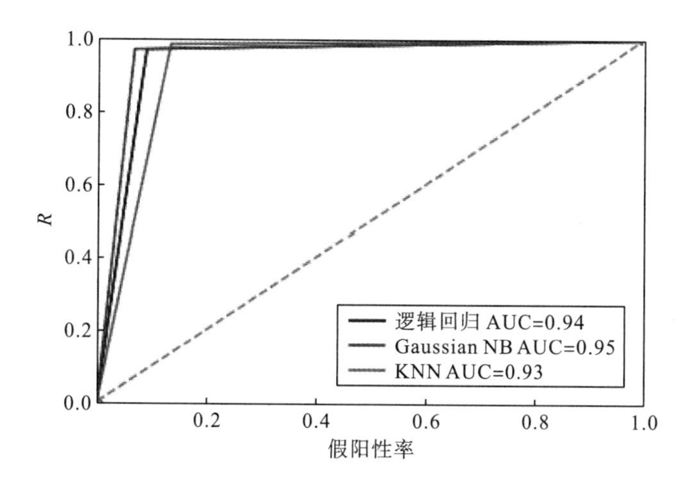

图 6-6　绘制 3 个模型在乳腺癌测试集上的 ROC 曲线并计算相应的 AUC 面积

6.7　朴素贝叶斯模型与计算思维

朴素贝叶斯模型实际上是一种在不确定性中做出决策的方法。道理其实很简单，在面临任何选择的时候，需要根据当前的所有条件来做出目前最优的决策，但是我们提到过，如果总是目前最优，那么有可能会陷入局部最优的尴尬。贝叶斯公式让我们为每一种选择都计算一个成功的概率，并且是依据经验数据来推算的，如果我们做选择的时候，依然每次都是选择成功概率更大的方向，那么使用贝叶斯公式与使用固定决策类算法(如 KNN)，没有什么太大的区别。

但是贝叶斯公式使用的是概率，我们知道小概率事件也是会发生的，如买彩票，中奖的概率是很低的，但是每期都有中彩票的人，对于中彩票的人来说，这种小概率的事件就是发生了。所以贝叶斯公式就为事件决策提供了一定的不确定性，也就是说，我不一定每次都选择基尼(Gini)增益或信息增益最大的那个条件，我可以偶尔“任性”一次，选择一个增益次优的。这种方法在很多优化算法里都会使用，也就是在决策建立过程中丢入一个随机种子，让决策时不时地产生一次随机性，让小概率事件也可以发生，这种突破规律的事件的产生，也许就是一只“白天鹅”，会带着我们跳出局部最优，走向全局最优。注意，这里我们说这种突破规律的事件只是“可能”是“白天鹅”，因为概率本身就是基于“任何事都有发生的概率”这个前提。

课后练习

现已知有以下学习数据，该数据是课程《数据结构》的过程性考核成绩和最终成绩，现观测到某生最终成绩为 82 分，1/4 考试成绩为 92 分，1/2 考试成绩为 82 分，4/4 考试成绩为 78 分，估算其 3/4 考试成绩区域，设[75,80)为 D 区，[80,85)为 C 区，[85,90)为 B 区，[90,95]为 A 区。

序号	1/4 考试	1/2 考试	3/4 考试	4/4 考试	最终
1	93	86	78	83	85
2	83	76	75	78	80
3	88	76	75	78	80
4	90	93	92	95	91
5	88	78	80	83	86
6	92	87	82	78	84
7	90	92	87	83	86

第 7 章　决策树和随机森林

决策树是一种最常用的基于归纳推理的机器学习白盒方法。决策树用于对离散值目标进行预测，其学习过程就是一棵决策树。学习的结果是多条“因为-所以”的规则。而决策树学习成功后，可通过搜寻满足测试数据条件的规则来找到对应的结果输出。也就是说，决策树的计算是基于“if-then-else”的选择判断工作的，所以它是一种归纳的工具。

7.1　决策树的表达方式

决策树是一种由节点和有向边构成的树形结构，节点类型分为内部节点和叶子节点，每个内部节点代表对象的一个特征取值或特征取值范畴，叶节点则代表响应变量。之所以称其为树，是因为它具备了树的典型特征，如决策路径从一个没有父节点的节点出发，到响应变量对应的分类结束。出发的节点因为没有父节点，因此被称为根节点，而结束的节点因为没有子节点，则被称为叶节点。决策树通过把实例的特征取值从根节点排列到某个叶节点来分类实例，叶节点即为该实例所属的分类。

一棵学习成功的决策树如图 7-1 所示。该树用于通过对花的 4 个特征：萼片长度（sepal length）、萼片宽度（sepal width）、花瓣长度（petal length）、花瓣宽度（petal width），来判断鸢尾花的种类是 3 种[山鸢尾（setosa）、变色鸢尾（versicolour）和维吉尼亚鸢尾（virginica）]中的哪一种。数据来自 sklearn 自带的鸢尾花数据集 iris，它共包含了 150 个样本，每个种类有 50 个样本。实际上，从图 7-1 中可以看出，决策树判断鸢尾花种类还是根据样本案例学习，以获得归纳规则，然后对新的样本进行分类预测的方法。图 7-1 实际上反映了 4 条种类判断规则：

- If (Petal width≤0.8cm)
  Then Class='setosa'
- If (0.8cmcm<Petal width≤1.75cm) and (Petal length≤5.3cm)
  Then class='versicolour'
- If (0.8cmcm<Petal width≤1.75cm) and (Petal length>5.3cm)
  Then class='virginica'
- If (Petal width>1.75cm)
  Then class='virginica'

其中，关于 virginica 种类的有 2 条规则，关于其余两类的分别有 1 条规则。

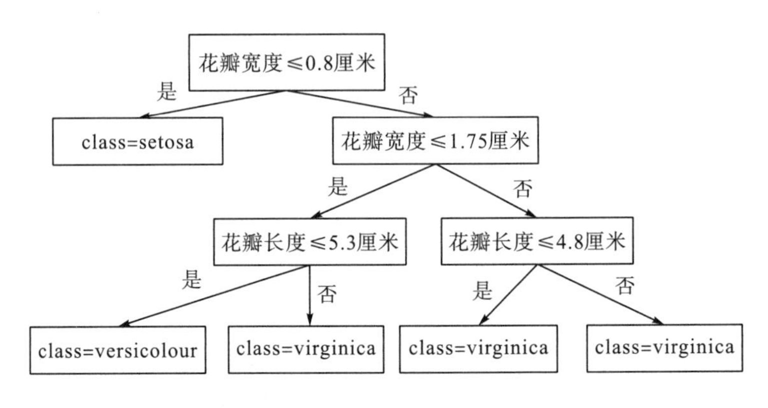

图 7-1　一棵判断鸢尾花种类的决策树

7.2　训练决策树的算法

7.2.1　ID3 算法的基本原理

ID3 算法又称为交叉迭代算法(Quinlan，1986)，通过自顶向下构造决策树来进行学习。构造过程是一个解决问题“如何从根节点开始将适当的特征条件依次放入决策树”的过程，其核心在于选取在树上的每个节点要测试的特征。最优的情况是从许多杂乱无章的特征中选取最有效的关键特征。例如，图 7-1 展示的判断鸢尾花决策树例子里，虽然可用于判断的特征有 4 个，但是决策树只选择了其中两个作为构造决策的关键特征。为了衡量不同特征对决策树性能的贡献，这里引入熵(entropy)和信息增益(information gain)两个指标。

熵的概念在第 4 章就已经提到过了，熵是用来描述事件产生混乱程度的指标，如果熵值越大，那么事件产生的概率就越随机。相反，如果事件产生具有规律性，即某种确定性，那么熵值会变小，熵的公式如式(7-1)所示。信息熵可以用来判断目前找到的规律是否能够对数据做出有规律的预判，如果熵值在不断减小，那么说明规律正确，否则，说明对数据的判断出现了新的不可预判因素。这里，n 是结果的数量，$P(x_i)$ 是产生结果 i 的概率。因为概率始终是小于等于 1 的，所以对其取对数，只会产生小于等于 0 的数，那么再在其前面添加负号，可以使其转换成一个正数：

$$H(x) = -\sum_{i=1}^{n}(P(x_i)\log P(x_i)) \tag{7-1}$$

7.2.2　不插电使用 ID3 算法构建决策树

例如，目前有如表 7-1 所示的 13 个样本，每个样本的每个特征值都列在了表中，而样本的响应变量——鸢尾花种类，则主要有 3 个取值，分别是 0 代表的 setosa 类型，1 代表的 versicolor 类型和 2 代表的 virginica 类型。目前数据集 S 中含有 5 个 setosa 类、4 个 versicolor 类、4 个 virginica 类，总共 13 个样本。目前决策树的熵值为

$$H(S)=-\left(\frac{5}{13}\log_2\frac{5}{13}+\frac{4}{13}\log_2\frac{4}{13}+\frac{4}{13}\log_2\frac{4}{13}\right)=1.5766$$

```
#
-((5/13)*np.log2(5/13)+2*(4/13)*np.log2(4/13))
#
```

表 7-1 鸢尾花实例

实例 ID	萼片长度/厘米	萼片宽度/厘米	花瓣长度/厘米	花瓣宽度/厘米	鸢尾花种类 ['setosa'(0)，'versicolor'(1)，'virginica'(2)]
1	5.1	3.5	1.4	0.2	0
2	4.9	3.0	1.4	0.2	0
3	4.7	3.2	1.3	0.2	0
4	5.4	3.9	1.7	0.4	0
5	5.3	3.7	1.5	0.2	0
6	5.6	3.0	4.1	1.3	1
7	5.7	2.8	4.5	1.3	1
8	6.7	3.1	4.4	1.4	1
9	5.7	3.0	4.2	1.2	1
10	6.8	3.0	5.5	2.1	2
11	5.7	2.5	5.0	2.0	2
12	5.8	2.8	5.1	2.4	2
13	6.4	3.2	5.3	2.3	2
平均值	5.676923	3.130769	3.492308	1.169231	—

这时，开始为根节点选取特征，根据 ID3 算法，特征选取的依据是具有最佳性能的特征将会被选为构建当前节点的判断条件，因此首先需要定义什么是性能最佳的特征。在 ID3 算法中，“信息增益”这个指标被用于评估每个特征的性能。既然减少熵是决策树不断学习的目标，那么“信息增益”就是指当逐个考虑当前所有特征时，每个特征对决策树熵带来的减少值。不同的特征，其对熵的作用是不一样的，减少的熵值越多，则认为该特征对优化决策树性能是最有价值的。因此，一个特征 f 相对于样本集 S 的信息增益(information gain，IG)的定义如式(7-2)所示：

$$\mathrm{IG}(S,a)=H(S)-\sum_{v\in \mathrm{Values}(a)}\frac{|S_v|}{|S|}H(S_v) \tag{7-2}$$

其中，$\mathrm{Values}(a)$ 是特征 a 所有可能值的集合；S_v 是 S 中特征 a 的值为 v 的子集，即 $S_v=\{s\in S\mid a(s)=v\}$。

因此，如果目前决策树要选择根节点，那么树的熵都为 0.97。如果所选的特征要使得 $\mathrm{IG}(S,a)$ 最大，那么使得 $\sum_{v\in \mathrm{Values}(a)}\frac{|S_v|}{|S|}H(S_v)$ 值越小的特征，就是越好的特征。以表 7-1 所示的样本集合 S 为例，样本共有 4 个特征，如果选择了如图 7-1 所示的“花瓣宽度”作为备选特征，那么图 7-1 中的条件“花瓣宽度≤0.8 厘米”中的“0.8”是怎么得到的呢？这里就涉及特征连续数据离散化的处理。ID3 算法中，对连续值做离散化特征是先将数据集中的数值做排序，然后将临近两个数之间的中位数(或平均值)作为分界，对数值的取值做区间处理。例如，花瓣宽度共有“0.1，0.2，0.4，1.2，1.3，1.4”6 个取值，那么取其相邻两个数的中位数可有“$\frac{0.1+0.2}{2},\frac{0.2+0.4}{2},\frac{0.4+1.2}{2},\frac{1.2+1.3}{2},\frac{1.3+1.4}{2}$”5 个条件分割数。那么可按“花瓣宽度≤0.15 厘米”或“花瓣宽度≥1.35 厘米”等条件来构建决策树节点。这里，为了更简洁地示例信息熵增益是如何计算的，我们直接使用数据的平均值来作为判断分割数，构建决策树。

首先，计算每个特征的信息增益 $\mathrm{IG}(S,a)$，考虑条件“萼片长度≤5.68 厘米”，满足该条件的样本有 6 个，其中类别为 0 的有 5 个，类别为 1 的有 1 个，类别为 2 的有 0 个。设这 6 个样本为数据集 $S1$，因此以该特征为条件的节点其左子树的熵为

$$H(S1)=-\left(\frac{5}{6}\log_2\frac{5}{6}+\frac{1}{6}\log_2\frac{1}{6}+0\right)=0.6500$$

不满足该条件的样本有 7 个，类别为 1 的样本 3 个、类别为 2 的样本 4 个、类别为 0 的样本 0 个。设这 7 个样本为数据集 $S2$，因此以该特征为条件的右子树的熵为

$$H(S2)=-\left(0+\frac{3}{7}\log_2\frac{3}{7}+\frac{4}{7}\log_2\frac{4}{7}\right)=0.9852$$

生成备选决策节点如图 7-2 所示。

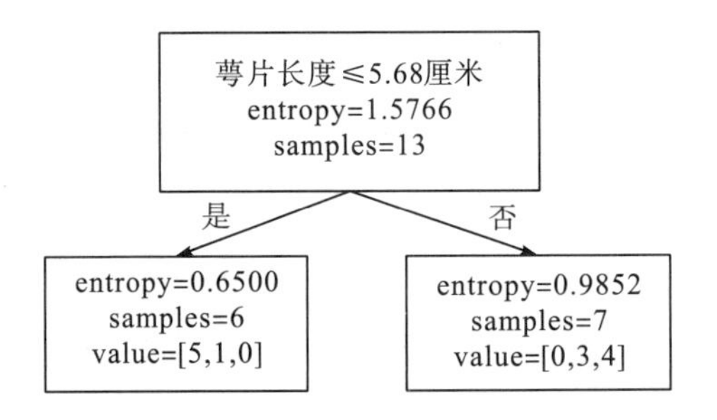

图 7-2 以“萼片长度≤5.68 厘米”为条件划分的两个样本集合及其熵

接下来考虑条件“萼片宽度≤3.13 厘米”，满足该条件的样本有 8 个，其中类别为 0 的有 1 个、类别为 1 的有 4 个、类别 2 的有 3 个。再次设这 8 个样本为数据集 $S1$，以该特征为条件的节点其左子树的熵为

$$H(S1)=-\left(\frac{1}{8}\log_2\frac{1}{8}+\frac{4}{8}\log_2\frac{4}{8}+\frac{3}{8}\log_2\frac{3}{8}\right)=1.4056$$

而不满足该条件的样本有5个，其中类别为0的有4个、类别为1的有0个、类别2的有1个。设这5个样本为数据集 $S2$，因此以该特征为条件的右子树的熵为

$$H(S2) = -\left(\frac{4}{5}\log_2\frac{4}{5} + 0 + \frac{1}{5}\log_2\frac{1}{5}\right) = 0.7219$$

生成备选决策节点如图7-3所示。

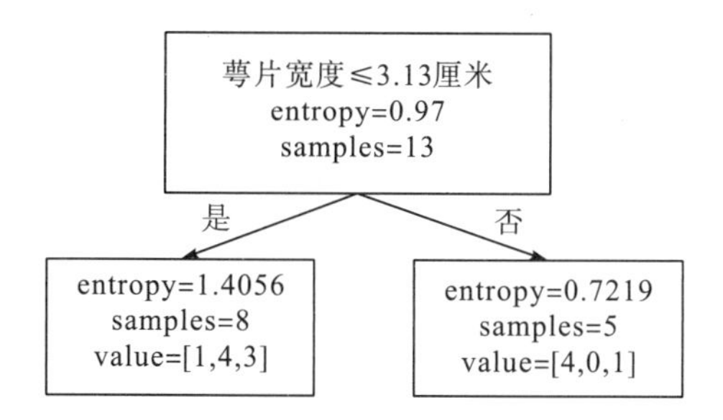

图7-3 以“萼片宽度≤3.13厘米”为条件划分的两个样本集合及其熵

接着以此类推计算条件为“花瓣长度≤3.49厘米”和“花瓣宽度≤1.17厘米”的左右子树熵；并根据式(7-2)计算不同特征对于数据集 S 的信息增益，如表7-2所示。

表7-2 不同特征的信息增益

判断条件	当前熵	条件满足时的熵	条件不满足的熵	加权平均	信息增益(IG)
萼片长度≤5.68厘米	1.5766	0.65	0.9852	0.65×6/13+0.9852×7/13=0.8305	0.7461
萼片宽度≤3.13厘米	1.5766	1.4056	0.7219	1.4056×8/13+0.7219×5/13=1.1426	0.4340
花瓣长度≤3.49厘米	1.5766	0	1	0×5/13+1×8/13=0.6154	0.9612
花瓣宽度≤1.17厘米	1.5766	0	1	0×5/13+1×8/13=0.6154	0.9612

很显然，特征“花瓣长度≤3.49 厘米”和“花瓣宽度≤1.17 厘米”的信息增益(IG)最大，相对于其他两个特征，是属于性能最好的特征。这里随机选择“花瓣长度≤3.49厘米”特征来作为决策树的根节点。接下来将为决策树增加新的子节点。因为IG最大节点的左子树的熵已经为0了，表示已经是叶节点了，因此只需要为右子树中涉及的8个样本添加新的特征判断条件，并生成子节点(表7-3)。

表7-3 信息增益

判断条件	当前熵	条件满足时的熵	条件不满足的熵	加权平均	信息增益(IG)
萼片长度≤5.68厘米	1	0	0.9852	0.9852×7/8=0.8621	0.1379
萼片宽度≤3.13厘米	1	0.9852	0	0.9852×7/8=0.8621	0.1379
花瓣宽度≤1.17厘米	1	0	1	1×8/8=1	0

从 IG 最大的两个特征中随机选择一个，添加进决策树中，形成如图 7-4 所示的新的决策树。

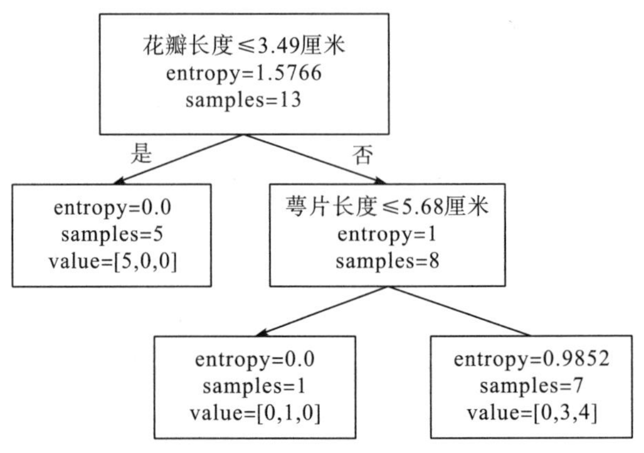

图 7-4 添加了新的特征的决策树

如此不断进行，直到数据集中不再有需要判断的样本为止。因此可以看出 ID3 实际上是一个贪心算法，可以为训练集中所有的样本找到分类规则，但是正如前所述，精细到每个样本的分类规则，其对新样本的容错性是不好的，也就是说，当训练集中所有样本均已达到 100%的拟合时，那么说明模型已经过拟合了。解决这个问题的方法是简化模型，剪掉决策树的某些枝，使模型的普适性提高。剪枝的方式是剪掉某些子树或叶节点，并将其父节点作为新的叶节点。要剪掉哪些枝是通过代价函数来确定的，现先定义决策树每个叶子节点 t 的经验熵，即设现有决策树 T，若 t 代表的是叶节点，$|T|$代表的是所有叶子节点的个数。若叶节点 t 包含有 N_t 个样本，现所有样本共有 K 个分类，属于类别 C_k 的样本有 N_{tk} 个。那么叶节点 t 的经验熵为

$$H_t(T) = -\sum_{k=1}^{K} \frac{N_{tk}}{N_t} \log_2 \frac{N_{tk}}{N_t} \tag{7-3}$$

定义决策树的代价函数为

$$C_\alpha(T) = \sum_{t=1}^{|T|} N_t H_t(T) + \alpha|T| \quad \alpha \geqslant 0 \tag{7-4}$$

式中，α 为决策树调节参数，$\alpha|T|$ 实际上是代价函数的惩罚系数（正则项），跟前面提到的 Lasso 算子和 Ridge 算子起的作用是一样的。

因为当决策树的拟合效果越好时，对样本的分类规则就会越细致，条数也会增多，此时$|T|$也就会增加，因为一个叶节点基本代表的就是一条分类规则（之所以说是“基本”，是因为有些规则可以合并，但是基本上是一一对应的）。增加了正则项，那么决策树的构建会在正确分类样本和规则条数之间进行平衡，过多的叶节点也会让代价函数值增大，因此通过调整参数α，可以获得不同平衡需求下的剪枝后决策树。

如果没有正则项，那么代价函数就是以最小化未建立规则的样本数为目标，因为如果一个叶节点包含有 N_t个样本，而这 N_t个样本已经被正确分类到某一个类别 k，那么此时，该叶节点的 $H_t(T)=0$。如果所有叶节点的熵都为 0，那么表示这个叶节点所代表的规则已

经可以对它所覆盖的样本进行正确的分类了，那么扩展到整棵树 T，其最优的情况就是所有样本均有对应的叶节点(规则)让其获得从特征到分类标签的映射路径，那么此时代价函数为 0。但是如果加上正则项，情况就会发生变化，因为随着 $\sum_{t=1}^{|T|}N_tH_t(T)$ 值的减小，$|T|$ 值会迅速增加，因此，$C_\alpha(T)$ 若要取得最小，就必须在两者间取得平衡。

7.2.3　C4.5 算法

C4.5 算法(Quinlan，1993)的基本流程与 ID3 算法类似，但 C4.5 算法进行特征选择时不是通过计算信息增益完成的，而是通过信息增益比来进行特征选择。信息增益比的定义为

$$\mathrm{IG}_{\mathrm{ratio}}(S,a)=\frac{\mathrm{IG}(S,a)}{H_a(S)} \tag{7-5}$$

$\mathrm{IG}(S,a)$ 是特征 a 对数据集 S 来说的信息增益，其计算如式(7-2)所示。而 $H_a(S)$ 是数据集 S 关于特征 a 的信息熵，其定义如式(7-6)所示。

$$H_a(S)=-\sum_{i=1}^{C}\frac{|S_i|}{|S|}\log_2\frac{|S_i|}{|S|} \tag{7-6}$$

其中，C 代表的是特征 a 把数据集划分成了 C 个子集。

实际上，特征将子集的样本数划分得越均匀，那么 $H_a(S)$ 值就越大，此时，$\mathrm{IG}_{\mathrm{ratio}}(S,a)$ 值就会越小。因为信息增益比比信息增益好在于它考虑了特征对数据集的划分状况。以表 7-1 中的鸢尾花分类数据集为例来说明信息增益比与信息增益的区别，具体值如表 7-4 所示。第一个特征“萼片长度≤5.68 厘米”，其 $H_1(S)=-\left(\frac{6}{13}\log_2\frac{6}{13}+\frac{7}{13}\log_2\frac{7}{13}\right)$=0.995，而第二个特征“萼片宽度≤3.13 厘米”，其 $H_2(S)=-\left(\frac{8}{13}\log_2\frac{8}{13}+\frac{5}{13}\log_2\frac{5}{13}\right)$=0.961。因为 $H_1(S)>H_2(S)$，如果在信息增益相同的情况下，特征划分的数据集个数越均衡，其竞争力就越弱。这可以帮助我们从很多随机选择相同信息增益的情况下更准确地筛选出性能更好的特征。

表 7-4　不同特征的信息增益比

判断条件	当前熵	条件满足时的熵	条件不满足时的熵	加权平均	IG	$H_a(S)$	信息增益比($\mathrm{IG}_{\mathrm{ratio}}$)
萼片长度≤5.68 厘米	1.5766	0.65	0.9852	0.65×6/13+0.9852×7/13=0.8305	0.7461	0.9957	0.7498
萼片宽度≤3.13 厘米	1.5766	1.4056	0.7219	1.4056×8/13+0.7219×5/13=1.1426	0.4340	0.9612	0.4515
花瓣长度≤3.49 厘米	1.5766	0	1	0×5/13+1×8/13=0.6154	0.9612	0.9612	1
花瓣宽度≤1.17 厘米	1.5766	0	1	0×5/13+1×8/13=0.6154	0.9612	0.9612	1

7.2.4 CART 算法

CART 算法(Breiman，1984)中的决策树使用的特征选择标准不再是熵，而是基尼系数(Gini)，基尼系数代表了数据集的不纯度，基尼系数越小，表示不纯度越低，特征越好。设现有样本集 S，有$|S|$个样本，共有 K 个类别，那么每个类别有样本数$|S_k|$个，样本集的基尼系数为

$$\mathrm{Gini}(S)=1-\sum_{k=1}^{K}\left(\frac{|S_k|}{|S|}\right)^2 \tag{7-7}$$

因此，如果特征 a 把数据集 S 划分成 C 个子集，即 $S^{(1)},S^{(2)},\cdots,S^{(C)}$，那么特征 a 的基尼系数为

$$\mathrm{Gini\_gain}(S,a)=\sum_{i=1}^{C}\frac{|S^{(i)}|}{|S|}\mathrm{Gini}(S^{(i)}) \tag{7-8}$$

CART 算法的代价函数为对于样本集 S，Gini(S)最小。而代价函数不断优化的过程则是通过计算特征空间 A 中的所有特征的最优方案，选取其中的最小值，作为构建样本集 S 决策树的最优方案：

$$\min_{a\in A}\left(\mathrm{Gini\_gain}(S,a)\right) \tag{7-9}$$

接下来同样以表 7-1 为例，计算不同特征的基尼系数及每个特征对样本集 S 的 Gini_gain 值。首先计算样本集当前的 Gini 值：

$$\mathrm{Gini}(S)=1-\left(\left(\frac{5}{13}\right)^2+\left(\frac{4}{13}\right)^2+\left(\frac{4}{13}\right)^2\right)=0.6627$$

```
#
Import numpy as np
1-(np.square(5/13)+ 2*np.square(4/13))
#
```

那么当选择特征“萼片长度≤5.68 厘米”为判断条件时，原样本集 S 被划分成了两个子集：$S^{(1)}$ 和 $S^{(2)}$，那么可知 $|S^{(1)}|=6$，$|S^{(2)}|=7$，因此 $\mathrm{Gini}\left(S^{(1)}\right)=1-\left(\left(\frac{5}{6}\right)^2+\left(\frac{1}{6}\right)^2+\left(\frac{0}{6}\right)^2\right)=0.2778$，$\mathrm{Gini}\left(S^{(2)}\right)=1-\left(\left(\frac{0}{7}\right)^2+\left(\frac{3}{7}\right)^2+\left(\frac{4}{7}\right)^2\right)=0.4898$。因此，可得该特征对样本集的 Gini_gain 值为 $0.2778\times\frac{6}{13}+0.4898\times\frac{7}{13}=0.3920$。依次类推，可算出所有特征的基尼增益，具体结果如表 7-5 所示。

表 7-5　所有特征的基尼系数及增益

判断条件	当前 Gini	条件满足时的 $Gini(S^{(1)})$	条件不满足时的 $Gini(S^{(2)})$	特征对样本集 S 的 $Gini\_gain(S, a)$
萼片长度≤5.68 厘米	0.6627	0.2778	0.4898	0.3920
萼片宽度≤3.13 厘米	0.6627	0.5938	0.320	0.4854
花瓣长度≤3.49 厘米	0.6627	0	0.5	0.3077
花瓣宽度≤1.17 厘米	0.6627	0	0.5	0.3077

可看出特征“花瓣长度≤3.49 厘米”和“花瓣宽度≤1.17 厘米”具有最小的基尼增益，因此可选择其中一个作为决策树的根节点。

7.3　sklearn 中使用 DecisionTreeClassifier 和 DecisionTreeRegression 工具

7.3.1　sklearn 中使用 DecisionTreeClassifier

sklearn 中的决策树用的是改良的 CART 算法，当预测的结果为离散值时，使用分类器工具，而如果预测结果为连续值时，可使用回归器工具。这里依然使用 sklearn 自带的小数据集 Iris 作为示例，并设置决策树的深度为 3，使用 Gini 值为决策树构建依据，并通过使用 sklearn 中的 graphviz 包来绘制最终生成的决策树，代码如下。

```
from sklearn.datasets import load_iris
from sklearn.model_selection import train_test_split
from sklearn.tree import DecisionTreeClassifier
import graphviz
from sklearn import tree
iris=load_iris()
X_train, X_test, y_train, y_test=train_test_split(iris.data, iris.target, test_size= 0.33, random_state= 0)
model=DecisionTreeClassifier(max_depth= 3, criterion= 'gini', random_state= 0)
model.fit(X_train, y_train)
```

```
print(model.score(X_test, y_test))

dot_data=tree.export_graphviz(model ,    out_file=  None ,
feature_names=iris.feature_names, class_names=iris.target_names,
filled= True, rounded= True, special_characters= True)
graph=graphviz.Source(dot_data)
graph.render( "iris")
```

最终决策树在测试集上的准确率为 0.98，为 3 个类别的平均分类准确率。并且，通过剪枝获得如图 7-5 所示的可视化决策树。可看出当 Gini 收敛为 0 的时候，就是对某个类别样本形成预测规则的时候。

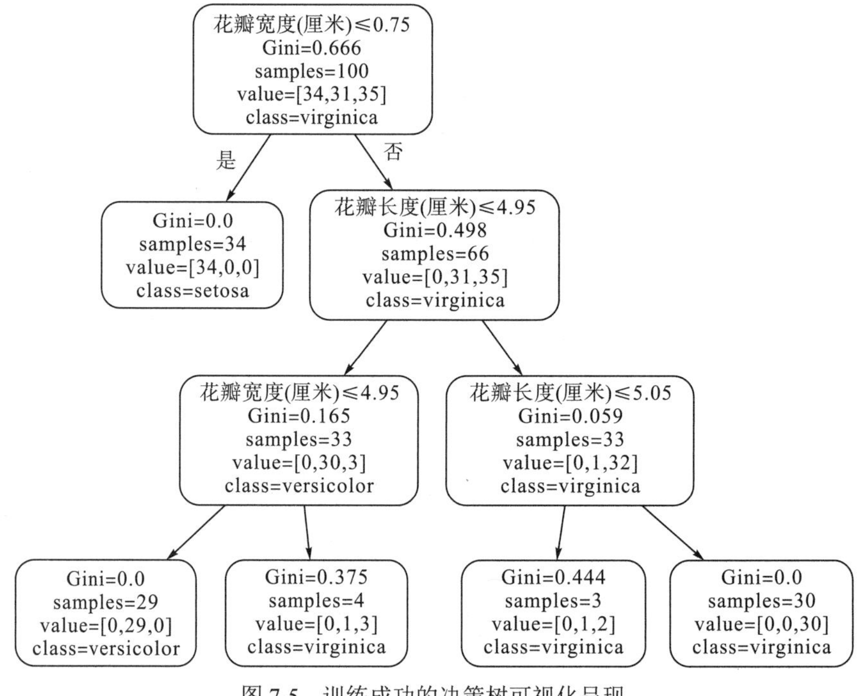

图 7-5 训练成功的决策树可视化呈现

7.3.2 sklearn 中使用 DecisionTreeRegressor

sklearn 中当决策树输出的预测值为连续值时，需调用 DecisionTreeRegressor 工具，而此时决策树使用的是 MSE 作为构建决策树节点的特征选择依据，即能够将 MSE 值降低得最多的特征作为性能最佳的特征优先被决策树所考虑。以下代码是使用 DecisionTreeRegressor 应用在 boston 房价数据集上，当决策树深度为 6 时，模型获得最好性能(训练集的 score=0.9492，而测试集的 score=0.7469)。图 7-6 可视化地展示了部分训练好的决策树。

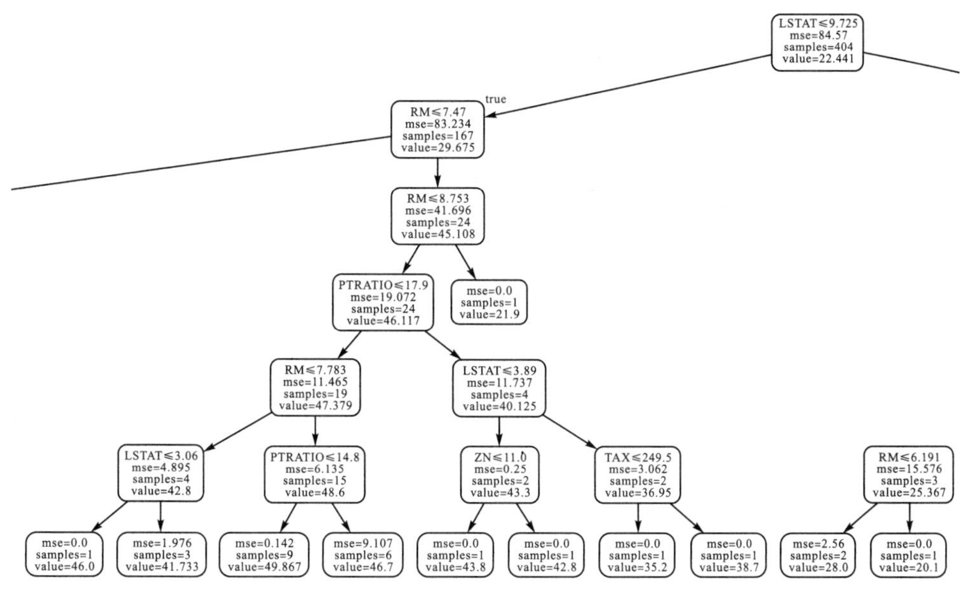

图 7-6　6 层决策树的部分展示

```
import numpy as np
from sklearn.datasets import load_boston
from sklearn.tree import DecisionTreeRegressor
from sklearn.model_selection import train_test_split
import graphviz
from sklearn import tree

data=load_boston()
X = data.data
y = data.target
X_train , X_test , y_train , y_test=train_test_split(X , y ,
test_size=0.2, random_state=2)
model = DecisionTreeRegressor(max_depth= 6, random_state= 0)
model.fit(X_train, y_train)
print(model.score(X_train, y_train))
print(model.score(X_test, y_test))
#绘制决策树图
dot_data=tree.export_graphviz(model , out_file= None ,
feature_names=data.feature_names, filled= True, rounded= True,
special_characters= True)
graph=graphviz.Source(dot_data)
graph.render( "boston")
```

7.4 随机森林和集成学习

7.4.1 随机森林

随机森林就是通过集成学习的思想将多棵决策树集成的一种算法，它的基本单元可以是各种分类器，并不局限于决策树。因此它的本质属于集成学习(ensemble learning)方法。因为包含多棵树的决策信息，因此该方法取名为“森林”。而其随机性则指的是“有放回重采样”，即通过重复地对原采样进行替换并进行采样来产出采样的多个变体。每棵决策树在进行训练时，样本是这样构造的：先从训练集 S 中随机抽取 1 个样本，然后再将这个样本放回原样本集，此时原样本集的数量就变成了$|S+1|$个，再在这$|S+1|$个样本中继续抽取下一个，直到样本集数量达到$|S|$个，因此这$|S|$个样本中可能有重复的样本。例如，目前有样本集[2,3,4,5,6]，那么随机森林里的某棵决策树的训练集则可能是[2,2,3,4,5]，而另一棵树的训练集则可能是[3,4,6,6,6]。因为 Bootstraping 是一种估计统计数值不确定性的方法，因此当且仅当样本中的观测值被独立地选取时，该方法才能被使用。

其实从直观角度来解释，每棵决策树都是一个分类器(假设现在针对的是分类问题)，那么对于一个输入样本，N 棵树会有 N 个分类结果。而随机森林集成了所有的分类投票结果，将投票次数最多的类别指定为最终的输出，这就是一种最简单的套袋(bagging)思想。套袋法是一种能减少一个估计器方差的集成元算法，可用于分类和回归任务。随机森林的原理如图 7-7 所示。

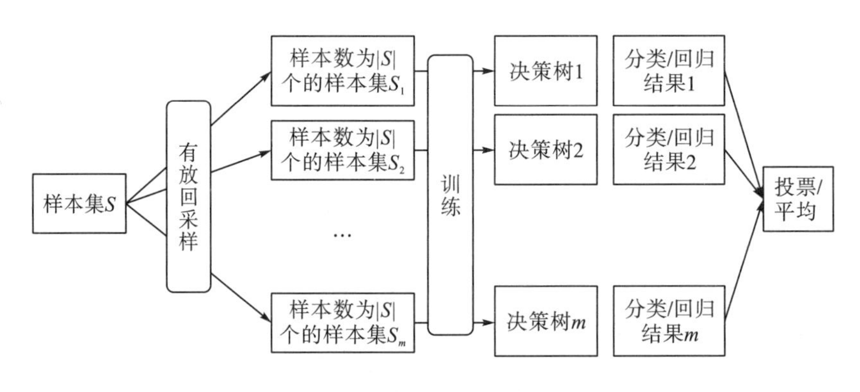

图 7-7 随机森林的基本原理

除了每棵决策树样本构成的随机，其决策树的构成特征选择也存在随机性，即每次构建新节点时，先从 n 个特征中随机选择 k 个，然后再从 k 个特征中选择“最优”的成为树新的节点。如同决策树一样，sklearn 除了提供用于分类预测的工具 RandomForestClassifier，同时也提供可用于回归预测的随机森林 RandomForestRegressor。

7.4.2　推进法(boosting)

实际上集成法不仅仅可用于决策树，任何一种分类器都可以用集成法来实现其优化。而集成策略，除了 bagging 法，还有 boosting 策略。boosting 和 bagging 最本质的差别在于它对基础模型不是一致对待的，而是经过不停地考验和筛选来挑选出较好模型，然后给较好模型更大的权重，表现不好的基础模型则给较少的权重，然后综合所有模型的权重得到最终结果。在集成学习扩展到其他分类器时，组成森林的不再局限于决策树，也可能是朴素贝叶斯，这里，这些分类器统称为弱分类器。

AdaBoost 是一个经典的 boosting 算法，是英文 adaptive boosting(自适应增强)的缩写(Freund and Schapire，1995)。它是一个迭代算法，在第一次迭代中，AdaBoost 算法给所有的训练样本赋予相等的权重，然后训练学习器。在后续的迭代中，AdaBoost 算法会把学习器错误预测的训练样本的权重增加，而减少预测正确的训练样本的权重，因此它的实现原理如图 7-8 所示。

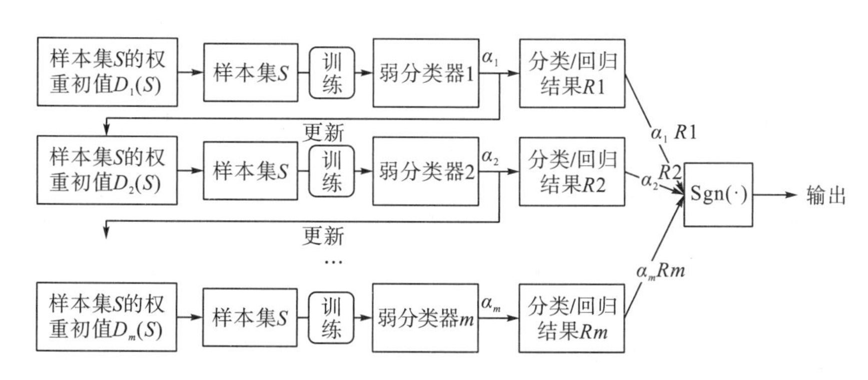

图 7-8　AdaBoost 的实现原理

在图 7-8 中，样本集首先被赋予初始权重 $D_1(S)$，然后使用训练集训练第一个弱分类器 1，这个弱分类器会根据它对样本集 S 的分类效果算出一个关于这个弱分类器效果的权重 α_1，紧接着也会根据这个分类器对样本的不同分类效果重新计算出样本集 S 中每个样本的权重，并将其叠加在 $D_1(S)$ 上，形成关于数据集 S 的新一轮权重 $D_2(S)$，如果有 m 个弱分类器，那么就更新数据集的权重 $D(S)\,m$ 轮。最后，将这 m 个弱分类器的输出结果乘以它对应的性能权重 α，累加起来输入到符号函数 sgn(·) 中，以得到一个双极性值$\{-1,1\}$，作为这 m 个弱分类器的最终分类输出。AdaBoost 算法的具体过程如下所示。

(1) 假设训练集样本是 S，共有 n 个样本，每个样本的特征向量为 x_i，其对应的响应变量为 y_i。设需要有 m 个弱分类器，那么对于 $k=0,1,\cdots,m$，训练集在第 k 个弱分类器上的初始权重为

$$D(k)=[w_{1k},w_{2k},\cdots,w_{nk}]\quad w_{ik}=\frac{1}{n} \tag{7-10}$$

(2)因为分类问题的本质都是二元分类，因此这里设分类问题的输出为{-1,1}，其中{-1}代表负例(negative)，{1}代表正例(positive)。那么第 k 个弱分类器 $G_k(x)$ 在训练集上的加权误差率为

$$e_k = P\left(G_k\left(x_i\right)\right) = \sum_{i=1}^{n} w_{ik} I\left(G_k\left(x_i\right) \neq y_i\right) \tag{7-11}$$

实际上可看出，弱分类器 k 的误差率就是其错误分类样本的权重之和。

(3)接下来计算第 k 个弱分类器的系数，这里的 log 函数可以以自然数 e 为底。

$$\alpha_k = \frac{1}{2}\log\frac{1-\mathrm{e}_k}{\mathrm{e}_k} \tag{7-12}$$

(4)接着更新样本权重 D。假设第 k 个弱分类器当前的样本集权重系数为 $D(k) = [w_{1k}, w_{2k}, \cdots, w_{nk}]$，那么第 k+1 个弱分类器的每个样本的权重系数为

$$w_{ik+1} = \frac{w_{ik}}{z_k}\exp(-\alpha_k y_i G_k(x_i)) \tag{7-13}$$

$$z_k = \sum_{i=1}^{n} w_{ik}\exp(-\alpha_k y_i G_k(x_i)) \tag{7-14}$$

实际上可以看出，w_{ik+1} 的更新就是依据样本 i 是否能被正确分类来计算的，如果样本能够正确分类，那么 $y_i G_k(x_i)=1$，$w_{ik+1} = \frac{w_{ik}\,\mathrm{e}^{-\alpha_k}}{z_k}$；否则 $y_i G_k\left(x_i\right) = -1$，$w_{ik+1} = \frac{w_{ik}\,\mathrm{e}^{\alpha_k}}{z_k}$。根据指数函数的性质，可知道 $\mathrm{e}^{-\alpha_k} < \mathrm{e}^{\alpha_k}$，因此如果样本被正确分类了，那么该样本在下一轮训练器中的权重会被减弱。z_k 是关于弱分类器 k 的样本权重和，在计算第 k+1 个弱分类器时，将 z_k 作为分母，可以将权重进行归一化处理。而上述公式中的 exp() 函数则是指数函数 e^t。

那么第 k+1 个弱分类器的样本集权重更新为

$$D\left(k+1\right) = [w_{1k+1}, w_{2k+1}, \cdots, w_{nk+1}] \tag{7-15}$$

(5)当完成 M 轮的迭代后，此时有 M 个弱分类器，最终的强分类器为

$$f\left(x\right) = \mathrm{sgn}\left(\sum_{k=1}^{M}\alpha_k G_k\left(x\right)\right) \tag{7-16}$$

其中，sgn()是符号函数。

当 sgn(正数)时，返回 1，sign(负数)时返回-1。

$$\mathrm{sgn}\left(x\right) = \begin{cases} 1, & x > 0 \\ -1, & \text{其他} \end{cases} \tag{7-17}$$

7.4.3 不插电应用 AdaBoost

接下来用一个实例来说明 AdaBoost 的集成工作原理。假设有如图 7-9 所示的 10 个样本点，图中“+”和“−”表示两种类别。

(a)数据集S中的样本分布

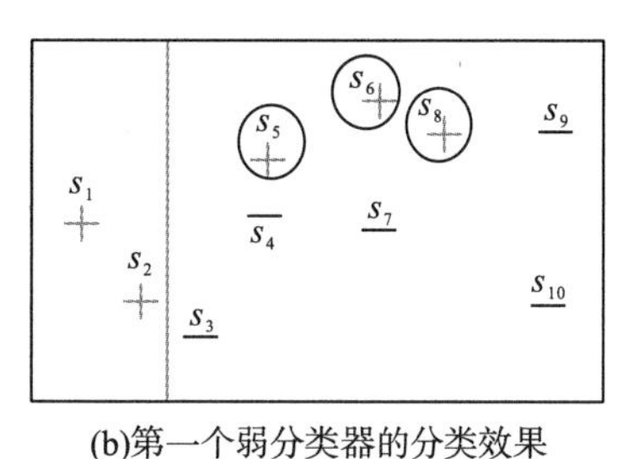

(b)第一个弱分类器的分类效果

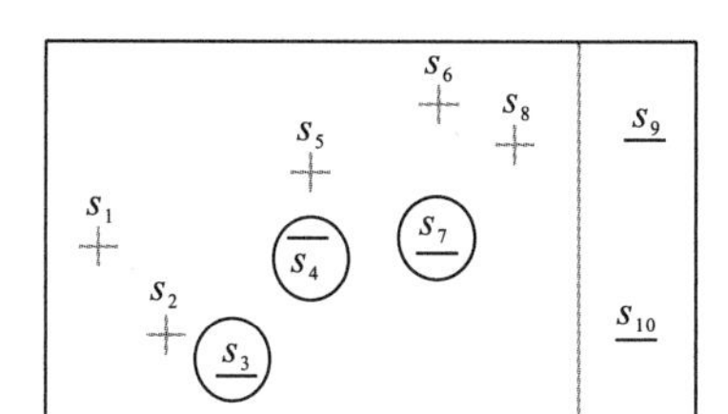

(c)第二个弱分类器的分类效果

图 7-9　样本点初始状态和在两个弱分类器分类后的效果

生成第一个弱分类器时，先给每个样本点赋予权重初值 $D1$=[0.1,0.1,0.1,0.1,0.1,0.1,0.1,0.1,0.1,0.1]。第一个弱分类器将 3 个点划分错误，因此第一个弱分类器的错误率为 e_1=0.1×1+0.1×1+0.1×1=0.3。而分类器本身的权重系数则为 $\alpha_1=\frac{1}{2}\ln\frac{1-0.3}{0.3}=0.42$ 。根据算法把错分点的权重变大，正确分类的点权重变小，因此对于正确分类的 7 个点，它们的权重为 $w=\left(0.1\times\exp\left(-\alpha_1\right)\right)/\left(0.3\times\exp\left(\alpha_1\right)+0.7\times\exp\left(-\alpha_1\right)\right)=0.072$ ，而错误分类的 3 个点 (s_5,s_6,s_8) 的权重则更新为 $w=\left(0.1\times\exp\left(\alpha_1\right)\right)/\left(0.3\times\exp\left(\alpha_1\right)+0.7\times\exp\left(-\alpha_1\right)\right)=0.166$。此时，样本集的权重向量更新为如表 7-6 所示的 w_{2k} 。

表 7-6　数据集中每个样本的权重在第 1 个和第 2 个分类器中的权重

样本	x	y	w_{1k}	w_{2k}
s_1	[1,5]	1	0.1	0.072
s_2	[2,2]	1	0.1	0.072
s_3	[3,1]	−1	0.1	0.072
s_4	[4,5]	−1	0.1	0.072
s_5	[4,7]	1	0.1	0.166
s_6	[6,9]	1	0.1	0.166
s_7	[6,5]	−1	0.1	0.072
s_8	[7,8]	1	0.1	0.166
s_9	[9,8]	−1	0.1	0.072
s_{10}	[9,2]	−1	0.1	0.072

接下来对第2个弱分类器进行权重更新，可看到第2个分类器的性能如图7-9(c)所示，也有3个样本被分类错误，但是与第1个弱分类器划分错误的样本不同，这一轮错误分类的样本为s_3、s_4和s_7。计算第2个分类器的错误率e_2=0.072×1+0.072×1+0.072×1= 0.216，分类器权重系数$\alpha_2=\frac{1}{2}\times\ln\left(\frac{1-0.22}{0.22}\right)=0.64$。

经过两轮的弱分类器训练，可合成一个强分类器

$$\begin{aligned} f(x) &= \operatorname{sgn}\left(\alpha_1 G_1(x)+\alpha_2 G_2(x)\right) \\ &= \operatorname{sgn}\left(0.42\times G_1(x)+0.64\times G_2(x)\right) \end{aligned} \tag{7-18}$$

因为$G_1(x)$=[1,1,−1,−1,−1,−1,−1,−1,−1,−1]^{T}，$G_2(x)$=[1,1,1,1,1,1,1,1,−1,−1]^{T}，所以强分类器最后的结果为$f(x)=\operatorname{sgn}$([1.06,1.06,0.22,0.22,0.22,0.22,0.22,0.22,−1.06,−1.06]^{T})，即迭代两次后强分类器的分类结果也为[1,1,1,1,1,1,1,1,−1,−1]^{T}。

实际上从这个例子可以发现，AdaBoost 并不是对弱分类器进行了多轮的迭代，它迭代的是每个样本的权重，也就是说，如果一个样本经历了多个弱分类器，如j−1个弱分类器，它都无法被正确分类，那么这个样本的权重会变得很大，而如果突然有一个分类器j将前面j−1个分类器都无法正确分类的样本解决掉了，那么这个分类器的权重会被调大。AdaBoost 的精髓在于希望每个弱分类器都能解决问题，对于多个解决类似问题的弱分类器，那么第一个最重要，后面的重要性会递减；对于解决问题侧重点不同的弱分类器，重要性根据分类效果和样本权重综合考虑。

如果上一个分类器对其中一部分样本进行了正确分类，对另一部分样本进行了错误分类，接下来的分类器可能对样本处理出现3种极端情况：

(1)对上一个分类器正确预测的样本也正确分类了，但错误的依然分错了，这时算法认为这两个分类器起的作用差不多，第二个弱分类器的权重就会被调低；

(2)对上一个分类器错误预测的样本正确分类了，并且原来正确预测的也正确预测了，那么第二个弱分类器的性能是优于上一个的，权重会调高；

(3)对上一个分类器错误预测的样本正确分类了，但原来正确预测的部分正确预测了，那么这时算法认为这个弱分类器肯定是有用的，但是其重要程度与上一个弱分类器相比不太好判断，需要综合考虑，根据正确或错误预测样本的权重来计算其重要性。

从上述3种极端情况可以看出，AdaBoost 主要考量的还是不同的弱分类器最好能覆盖数据集不同的特征方面，这样将多个弱分类器集合起来才能起到提升性能的作用。

7.5 决策树中的计算思维

本章介绍了3种经典决策树生成算法，其中涵盖了决策树代价函数设计、训练策略以及剪枝策略等内容。在本章中，正则项再次出现在代价函数中，用以对代价函数的多目标进行优化。决策树的生成是非常直观的，也很容易理解，与我们在日常生活中解决问题的步骤基本是一致的。比如我们总是试图为某个成功案例找到原因，因为只有找到得到目前

结果的关键特征，才能对成功进行复制，然而在众多的可能影响结果的因素中，如何从中选出可能的候选因素，是需要进行细致评估的。这种评估，是基于统计数据的事实进行的。例如，当统计目前成功的创业项目时，我们会统计创始人毕业的学校、所学的专业、创业的年龄等信息，然后形成构成决策树的基础数据，进而根据这些基础数据形成决策树，当再有希望获得投资的创业项目时，风控部门会通过决策树来进行项目的初筛。

在生成决策树的过程中，无论是 ID3 还是 C4.5 算法，都是使用的贪心算法，即当前状态下选择的判断条件一定可以较大程度地优化目标函数。但是实际上我们之前也提到过，这种贪心算法虽然看起来在当前是有效的，但是在一个较长的时间跨度里，可能会使得当前最优变成局部最优。因此通过决策树做出的决策有时候并不是全局最优的，准确讲可能大多数时候都不是全局最优的，这就是为什么很多企业会在使用决策树思维进行项目初筛后，也会保留一定的变异种子，为一些特例项目留出土壤。这种变异种子，在基因上称为“突变”，在遗传算法中，充分利用规则的随机“突变”，是跳出局部最优的一个常见策略。

而在决策树中，跳出某棵树带来的局部最优的策略则是利用多棵决策树的结果，形成“森林”，并根据不同决策树的结构来“投票(或平均)”结果。如果因为“森林”里的每棵树，对样本都采取的是可重复采样的方法，也就是说允许让某一些样本的特征更突出，弱化未被选中的样本的特征。然后，在选择特征本身时，也不是每棵树的选择都一样，这样也就避免了全部决策树都陷入定式思维的可能性。即使每棵树都可能面临陷入局部最优的风险，但是它们陷入的局部的位置都不一样，这样的话，在综合考虑它们的输出结果后，就能充分考虑到所有样本和所有特征的偏向，然后通过每棵树构建的随机性来跳出局部最优。

这种集成多个弱分类器，再形成一个统一结论的方式甚至可以扩展到所有分类器，从随机森林转变为更通用的集成学习方法。为了让集成的结果更符合常理，AdaBoost 算法减少了其中的随机性，增加了让模型更智能的策略：增大分类效果好的弱分类器的权重，减少分类效果差的弱分类器的权重；增大反复迭代都无法正确分类样本的权重，降低已经能够正确分类的权重。这是符合人类处理问题的基本思路的，如果一个问题总是无法得到解决，那么这个问题的权重应该加大，应该给予更高的关注度。如果一个策略解决问题的效果总是优于其他策略，那么我们理所当然要优先考虑成功经验。

课后练习

1. 假设有泰坦尼克号幸存者数据如下表所示，根据这些信息画出能否幸存的预测决策树，其中“survived”标签为 1 表示幸存，为 0 表示未幸存。

编号	pclass(船舱等级)	gender(性别)	age(年龄)	survived(是否幸存)
1	3	1	22	1
2	1	0	38	1
3	3	0	26	1
4	1	0	35	1
5	3	1	35	0

2. AdaBoost 为什么被称为强化学习算法？它和普通的有监督学习有什么区别？

第 8 章　感知器和人工神经网络 ANN

本章将介绍神经网络的起源、感知器、多层感知器(MLP)及经典的基于反传(BP)算法的多层感知器，也就是人工神经网络(ANN)。无论是多层感知器还是人工神经网络，它们的核心计算模型都是通过不断调整不同层节点间的两两链接权重，来获得最终满意的输出。

8.1　感　知　器

8.1.1　感知器的基本原理

感知器(perceptron)代表了使用简单元件建立智能和自学习系统的一个早期尝试，它是从 McCulloch 和 Pitts 在 1943 年提出的生物脑神经元模型演变而来的，主要希望模拟神经元对信息的感知和处理来构建一个类似的模式识别模型。图 8-1[①]展示了显微镜下神经元的构成，大致来讲它由细胞体和突起两个部分组成，是人体生物信息传递的基本功能和结构单位。其中突起又分为树突和轴突两类，树突短而分枝多，如树枝状，其作用是接受其他神经元轴突传来的信号并传给细胞体。轴突长而分枝少，为粗细均匀的细长突起，其作用是接受外来刺激，再传递给细胞体。轴突除分出侧枝外，其末端形成树枝样的神经末梢。末梢分布于某些组织器官内，形成各种神经末梢装置。例如，感觉神经末梢就接受各种感知信息，并将其采集以后传递给细胞体。

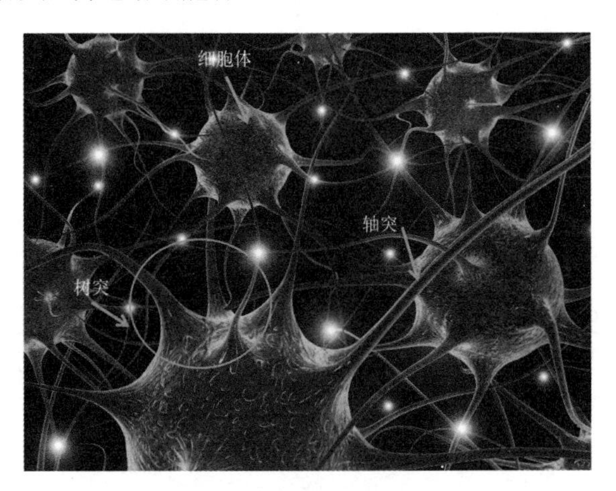

图 8-1　显微镜下的神经元图

① 图片来自 https://bioinformant.com/neural-stem-cell-industry-news-round-up-june-2015/。

也就是说，神经元在处理信息时，会处理多路信号，有可能来自神经末梢的感知信息，也可能来自其他神经元。这就为感知器提供了基本的信息处理结构，如图 8-2 所示。图 8-2 模拟的是一个神经元信号接收和处理的过程，神经元的信号由 3 个通道输入，分别是 x_1、x_2 和 x_3，然后为每个输入构建一个权重 w_1、w_2 和 w_3，对多路信号的综合处理过程是：首先，将所有输入信号值和其权重的乘积累加起来，与偏置项(b)相加，形成一个值；然后，再将其输入到一个激励函数 $f(\cdot)$ 中，产生一个输出。

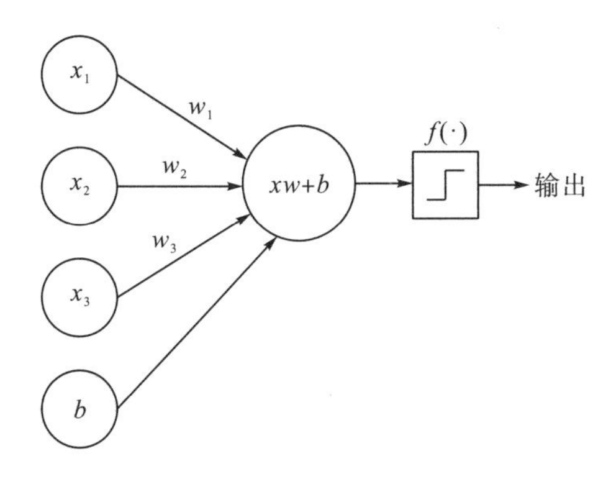

图 8-2　感知器结构图

实际上感知器第一层起特征检测的作用。输出层输出分类结果。感知器的学习指的是通过比对模型输出与真实值之间的差异来不断修正权重 w 和偏置项 b 的过程。对于一个二分类问题，输出层通常只有一个节点。对于一个 n 分类($n \geqslant 3$)的问题，输出层的节点数通常为 n，也就是说一个节点对应一个类别，将具有最大输出的节点所代表的分类作为模型输出的分类结果。感知器的输出只能是二元表达，也就是说 y_i 要么是一个二进制值 $y_i \in \{0,1\}$，要么是一个双极性值 $y_i \in \{-1,1\}$。如果 y_i 的值为 1，那么称这个单元为活动的或激活的，反之则称为抑制的，或未被激活的。感知器中的偏置项 b 主要是用来调节模型输出的，使其能够更好地拟合数据。为了得到二元输出，感知器需要使用激励函数 $f(\cdot)$ 来对输入进行转换，转换后的信号可以直接变为分类结果。典型的激励函数有符号函数 $\text{sgn}(x)$ 和阶跃函数 $\text{step}(x)$：

$$\text{sgn}(x) = \begin{cases} 1, & x > 0 \\ -1, & \text{其他} \end{cases} \tag{8-1}$$

$$\text{step}(x) = \begin{cases} 1, & x > 0 \\ 0, & \text{其他} \end{cases} \tag{8-2}$$

如图 8-2 所示，在感知器学习的过程中，只有一层的权重是可以调的，因此它被称为单层感知器。而单层感知器的参数学习过程则是一个类似梯度下降法的迭代过程，首先将权重给予一个初始值，然后使用这个随机初始值开始对样本进行预测，如果预测正确，那么权重保持不变，继续预测下一个样本，否则对权重进行调整，调整的规则为

$$\Delta w_i = \varepsilon \cdot (y_i - f(x_i))x_i \tag{8-3}$$

其中，ε 为学习速率；y_i 为样本 i 的真实响应变量值；$f(x_i) = \text{step}(x_i w_i + b)$。

8.1.2 不插电训练单层感知器

接下来用一个鸢尾花分类的例子来说明单层感知器的工作原理。表 8-1 是关于鸢尾花的训练数据，如果将每个样本的 3 个特征值绘制成散点图，可从图 8-3 看出，这 5 个样本是线性可分的。

表 8-1 鸢尾花数据集

实例 ID	萼片长度 x_1 /厘米	花瓣长度 x_2 /厘米	花瓣宽度 x_3 /厘米	鸢尾花种类 ['setosa'(0)，'versicolor'(1)]
1	5.1	1.4	0.2	0
2	5.4	1.7	0.4	0
3	5.3	1.5	0.2	0
4	5.6	4.1	1.3	1
5	5.7	4.5	1.3	1

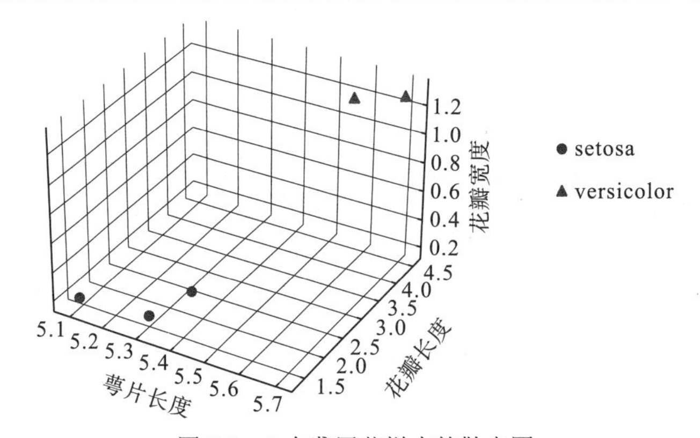

图 8-3 5 个鸢尾花样本的散点图

因为知道每个样本有 3 个特征：x_1、x_2 和 x_3，那么感知器的神经元应该有 3 个，而分类的样本种类只有两类，所以输出层神经元为 1 个，其结构正如图 8-2 所示。此时设模型采用阶跃函数：

$$\text{step}(x)=\begin{cases}1, & x>0\\ 0, & \text{其他}\end{cases} \tag{8-4}$$

作为激励函数；设学习速率 ε 为 1；权重向量 $\boldsymbol{w}$ 的初始值为 1。此时训练数据特征矩阵 $\boldsymbol{X}$、响应变量向量 $\boldsymbol{y}$ 和权重矩阵 $\boldsymbol{w}$ 分别为

$$\boldsymbol{X}=\begin{bmatrix}5.1 & 1.4 & 0.2\\ 5.4 & 1.7 & 0.4\\ 5.3 & 1.5 & 0.2\\ 5.6 & 4.1 & 1.3\\ 5.7 & 4.5 & 1.3\end{bmatrix},\quad \boldsymbol{y}=\begin{bmatrix}0\\0\\0\\1\\1\end{bmatrix},\quad \boldsymbol{w}=\begin{bmatrix}1\\1\\1\end{bmatrix}$$

因为需要计算偏置项，因此改写训练数据特征矩阵 $\boldsymbol{X}$ 和权重矩阵 $\boldsymbol{w}$ 为

$$\boldsymbol{X}=\begin{bmatrix}5.1 & 1.4 & 0.2 & 1\\5.4 & 1.7 & 0.4 & 1\\5.3 & 1.5 & 0.2 & 1\\5.6 & 4.1 & 1.3 & 1\\5.7 & 4.5 & 1.3 & 1\end{bmatrix},\quad \boldsymbol{w}=\begin{bmatrix}1\\1\\1\\0\end{bmatrix}$$

其中，权重矩阵 $\boldsymbol{w}$ 的最后一行即为偏置 b，设偏置项 b 的初值为 0。

根据算法来进行第一轮的权重矩阵 $\boldsymbol{w}$ 更新，计算过程及结果如表 8-2 所示，计算完所有的样本后，进入第二轮迭代，其计算过程和结果如表 8-3 所示，当计算完第三轮迭代后，5 个样本中只有第一个样本未被正确分类，其余 4 个样本均能正确分类(表 8-4)。

表 8-2　第一轮的感知器学习结果

实例ID	激活函数计算	预测值	真实标签	$\Delta\boldsymbol{w}=[y_i-f(x_i)]x_i$	权重矩阵更新 $\boldsymbol{w}=\boldsymbol{w}+\Delta\boldsymbol{w}$
1	5.1×1+1.4×1+0.2×1+1×0=6.7	1	0	(0−1)×[5.1,1.4,0.2,1]^T =[−5.1,−1.4,−0.2,−1]^T	[1,1,1,0]^T+[−5.1,−1.4,−0.2,−1]^T =[−4.1,−0.4,0.8,−1]^T
2	5.4×(−4.1)+1.7×(−0.4)+0.4×(0.8)+(−1)=−23.5	0	0	[0,0,0,0]^T	[−4.1,−0.4,0.8,−1]^T
3	5.3×(−4.1)+1.5×(−0.4)+0.2×(0.8)+(−1)=−23.2	0	0	[0,0,0,0]^T	[−4.1,−0.4,0.8,−1]^T
4	5.6×(−4.1)+4.1×(−0.4)+1.3×(0.8)+(−1)=−24.6	0	1	(1−0)×[5.6,4.1,1.3,1]^T =[5.6,4.1,1.3,1]^T	[−4.1,−0.4,0.8,−1]^T+[5.6,4.1,1.3,1]^T =[1.5,3.7,2.1,0]^T
5	5.7×1.5+4.5×3.7+1.3×2.1+0=27.9	1	1	[0,0,0,0]^T	[1.5,3.7,2.1,0]^T

表 8-3　第二轮的感知器学习结果

实例ID	激活函数计算	预测值	真实标签	$\Delta\boldsymbol{w}=[y_i-f(x_i)]x_i$	权重矩阵更新 $\boldsymbol{w}=\boldsymbol{w}+\Delta\boldsymbol{w}$
1	5.1×1.5+1.4×3.7+0.2×2.1+1×0=13.2	1	0	(0−1)×[5.1,1.4,0.2,1]^T =[−5.1,−1.4,−0.2,−1]^T	[1.5,3.7,2.1,0]^T+[−5.1,−1.4,−0.2,−1]^T =[−3.6,2.3,1.9,−1]^T
2	5.4×(−3.6)+1.7×(2.3)+0.4×(1.9)+(−1)=−15.8	0	0	[0,0,0,0]^T	[−3.6,2.3,1.9,−1]^T
3	5.3×(−3.6)+1.5×(2.3)+0.2×(1.9)+(−1)=−16.3	0	0	[0,0,0,0]^T	[−3.6,2.3,1.9,−1]^T
4	5.6×(−3.6)+4.1×(2.3)+1.3×(1.9)+(−1)=−9.3	0	1	(1−0)×[5.6,4.1,1.3,1]^T =[5.6,4.1,1.3,1]^T	[−3.6,2.3,1.9,−1]^T+[5.6,4.1,1.3,1]^T =[2,6.4,3.2,0]^T
5	5.7×2+4.5×3.7+1.3×2.1+0=30.8	1	1	[0,0,0,0]^T	[2,6.4,3.2,0]^T

表 8-4　第三轮的感知器学习结果

实例 ID	激活函数计算	预测值	真实标签	$\Delta \boldsymbol{w} = [y_i - f(x_i)]x_i$	权重矩阵更新 $\boldsymbol{w} = \boldsymbol{w} + \Delta \boldsymbol{w}$
1	5.1×2+1.4×6.4+0.2×3.2+1×0=19.8	1	0	$(0-1)\times[5.1,1.4,0.2,1]^T$ $=[-5.1,-1.4,-0.2,-1]^T$	$[2,6.4,3.2,0]^T$ $+[-5.1,-1.4,-0.2,-1]^T$ $=[-3.1,5,3,-1]^T$
2	5.4×(−3.1)+1.7×(5)+0.4×(3)+(−1)=−8	0	0	$[0,0,0,0]^T$	$[-3.1,5,3,-1]^T$
3	5.3×(−3.1)+1.5×(5)+0.2×(3)+(−1)=−9.3	0	0	$[0,0,0,0]^T$	$[-3.1,5,3,-1]^T$
4	5.6×(−3.1)+4.1×(5)+1.3×(3)+(−1)=6	1	1	$[0,0,0,0]^T$	$[-3.1,5,3,-1]^T$
5	5.7×(−3.1)+4.5×(5)+1.3×(3)+(−1)=7.7	1	1	$[0,0,0,0]^T$	$[-3.1,5,3,-1]^T$

实际上单层感知器就是通过逐步放大关键特征的权重、缩小非关键特征的权重来实现划分边界的逐渐清晰，因为从表 8-3 和表 8-4 中可以看出，如果一个样本被预测错了，$\boldsymbol{w}$ 向量会立刻改变方向，因此这就要求样本本身是线性可分的。然而这在实际生活中是非常难以满足的一个条件，大部分数据的特征具有交叉特性，最典型的一个代表就是求异或(XOR)问题。异或问题是指如果两个输入相同，那么它们的输出是 0，否则输出就是 1。异或问题的计算规则如表 8-5 所示。

表 8-5　异或计算的特征及标签表示

样本	x_1	x_2	y
1	0	0	0
2	0	1	1
3	1	0	1
4	1	1	0

如果按表 8-5 中的 4 个样本的特征值来训练感知器，简直就是一个灾难，感知器会不断地在权重的两个方向上来回摇摆，始终无法将两个样本特征的[0,1]和[1,0]取值区分开来。因此虽然感知器的出现是在 20 世纪 60 年代，并引起了大量的研究，但是实际上它的线性可分前提条件让它成为一个“鸡肋”模型，Minsky 和 Papert 在《感知器》一书中甚至将其称为“只能用于消遣问题”的解决方案。

8.2　多层感知器(MLP)

8.2.1　多层感知器的基本原理

单层感知器确实无法实现特征值有交叉的数据的分类，但是仔细想想，它之所以无法对异或问题的特征进行分辨是因为它无法区分不同位置上的相同取值。因此，如果将特征空间增加，并引入不同位置信息，理论上是可以解决这个问题的。实际上，使用两层感知器，就可以解决异或问题了。解决异或问题的两层感知器的网络结构如图 8-4 所示。图 8-4 已经充分展示了多层感知器的 3 个突出特点：第一，神经网络是分为多个层次的，最外层被称为输入层，而中间的层则被称为隐藏层，最后一层被称为输出层；第二，神经元之间的信息传递仅在不同层之间有效，同层的神经元之间不允许传递信息；第三，不同层的神经元之间的连接是全连接，即不同层之间任意两个节点间都有连接。

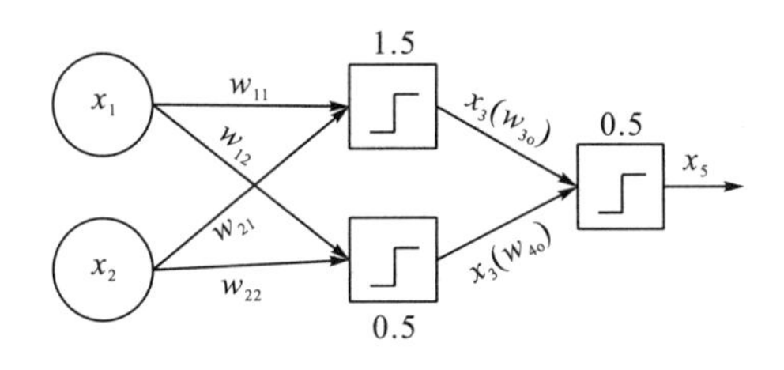

图 8-4　两层感知器

8.2.2　不插电运用两层感知器解决 XOR（异或）问题

设 $\boldsymbol{X}=\begin{bmatrix}1 & 1\\1 & 0\\0 & 1\\0 & 0\end{bmatrix}$，$\boldsymbol{y}=\begin{bmatrix}0\\1\\1\\0\end{bmatrix}$，设第二层感知器的阶跃函数门限值分别为 θ_1=1.5，θ_2=0.5，

设输入层神经元与中间层神经元的权重矩阵 $\boldsymbol{w}_1=\begin{bmatrix}1 & 1\\1 & 1\end{bmatrix}$，那么从图 8-4 可知，计算 x_3 需要使用权重 $\boldsymbol{w}_1^1=\begin{bmatrix}w_{11}\\w_{21}\end{bmatrix}$，计算 x_4 需要使用权重 $\boldsymbol{w}_1^2=\begin{bmatrix}w_{12}\\w_{22}\end{bmatrix}$。

$$
\begin{aligned}
x_3 &= \text{step}\left(\boldsymbol{X}\boldsymbol{w}_1^1-1.5\right)\\
&=\text{step}\left(\begin{bmatrix}1 & 1\\1 & 0\\0 & 1\\0 & 0\end{bmatrix}\times\begin{bmatrix}1\\1\end{bmatrix}-1.5\right)\\
&=\text{step}\left(\begin{bmatrix}0.5\\-0.5\\-0.5\\-1.5\end{bmatrix}\right)\\
&=\begin{bmatrix}1\\0\\0\\0\end{bmatrix}
\end{aligned}
\tag{8-5}
$$

$$
\begin{aligned}
x_4 &= \text{step}\left(\boldsymbol{X}w_1^2 - 0.5\right) \\
&= \text{step}\left(\begin{bmatrix} 1 & 1 \\ 1 & 0 \\ 0 & 1 \\ 0 & 0 \end{bmatrix} \times \begin{bmatrix} 1 \\ 1 \end{bmatrix} - 0.5\right) \\
&= \text{step}\left(\begin{bmatrix} 1.5 \\ 0.5 \\ 0.5 \\ -0.5 \end{bmatrix}\right) \\
&= \begin{bmatrix} 1 \\ 1 \\ 1 \\ 0 \end{bmatrix}
\end{aligned}
\tag{8-6}
$$

设置最后一层阶跃函数的门限值为 0.5，计算输出 x_5 的值需要使用中间层神经元与输出层神经元的权重矩阵 $\boldsymbol{w}_2$，若为 $\boldsymbol{w}_2 = \begin{bmatrix} -1 \\ 1 \end{bmatrix}$，其中 $w_{3o}=-1$， $w_{4o}=1$，那么有

$$
\begin{aligned}
x_5 &= \text{step}(x_3 w_{3o} + x_4 w_{4o} - 0.5) \\
&= \text{step}\left(\begin{bmatrix} -1 \\ 0 \\ 0 \\ 0 \end{bmatrix} + \begin{bmatrix} 1 \\ 1 \\ 1 \\ 0 \end{bmatrix} - \begin{bmatrix} 0.5 \\ 0.5 \\ 0.5 \\ 0.5 \end{bmatrix}\right) \\
&= \text{step}\left(\begin{bmatrix} -0.5 \\ 0.5 \\ 0.5 \\ -0.5 \end{bmatrix}\right) \\
&= \begin{bmatrix} 0 \\ 1 \\ 1 \\ 0 \end{bmatrix}
\end{aligned}
\tag{8-7}
$$

从这个可解决异或问题的两层感知器可知，增加感知器的中间层，即隐藏层，是具有可以对特征进行非线性变换的功能的，实际上是一种生成组合特征，是扩大特征空间的手段。因此它可以解决非线性分类问题，但是 MLP 一直缺少有效的权重训练方法，因此它的效果很难得到保证。

8.3　反传多层感知器

8.3.1　ANN 的激励函数

由于对多层感知器(MLP)缺乏有效的参数训练方法，直到 20 世纪 80 年代，Rumelhart 等将梯度下降法引入 MLP 来对权重矩阵 $\boldsymbol{w}$ 进行训练，并且采用数学特征更明显的激励函数，这才大大提升了多层感知器的性能。这种反传多层感知器，也被称为人工神经网络(ANN)。

同多层感知器一样，ANN 也由输入层、隐藏层和输出层构成。输出层神经元最终需要完成分类任务，因此它需要激励函数来对输出进行转换，将其变成二进制值 $x_i \in \{0,1\}$ 或双极性值 $x_i \in \{-1,1\}$。而 ANN 的激励函数不再局限于阶跃函数和符号函数，而是使用数学特征更明显的逻辑函数或双曲正切函数类的激励函数。逻辑函数在第 4 章中已经提到过，这是一个 S 形曲线输出的函数，可以实现将各种差异的输出值挤压在区间[0,1]。而双曲正切函数与逻辑函数输出曲线类似，区别在于它的压缩区间在[−1,1]，如图 8-5 所示。由于它们提供了与阶跃函数和符号函数相近的功能，但是却又对输入信号进行了平滑处理，所以又被称为 Sigmoid 函数，而其挤压特性又使其被叫作挤压函数。

$$\text{逻辑函数：}\quad f(x)=\frac{1}{1+\mathrm{e}^{-x}} \tag{8-8}$$

$$\text{双曲正切函数：}\quad f(x)=\tanh(x)=\frac{1-\mathrm{e}^{-x}}{1+\mathrm{e}^{-x}}$$

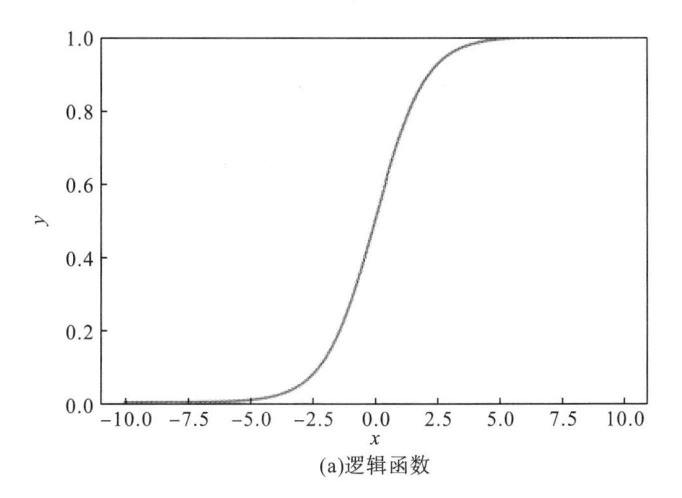

(a)逻辑函数

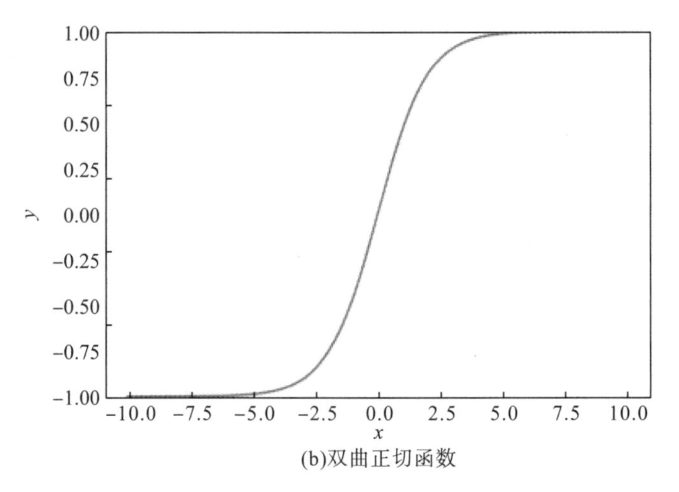

(b)双曲正切函数

图 8-5 逻辑函数和双曲正切函数

8.3.2 ANN 的网络结构和节点构成

同图 8-2 所示的感知器一样，ANN 的节点由输入、加权以及激励函数处理构成。人工神经网络的网络结构如图 8-6 所示，由输入层、隐藏层和输出层构成。ANN 的隐藏层具有可以对输入层特征进行非线性变换的功能，与线性模型中的多项式不同的是，神经网络中的隐藏层对特征的非线性变换很难解释，隐藏层中每个神经元所代表的含义是不清晰的。

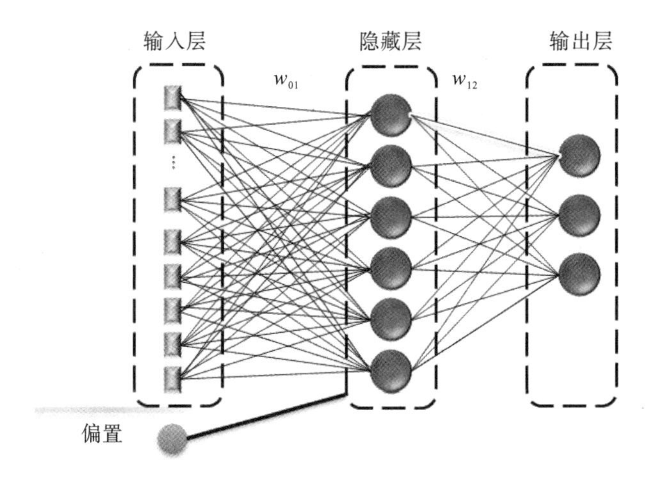

图 8-6 人工神经网络的网络结构

8.3.3 ANN 中的反传学习算法(BP)

首先设定 ANN 中的激励函数为逻辑函数，即 $f(x)=\dfrac{1}{1+\mathrm{e}^{-x}}$，可知网络中每个节点 j 的输入 $\overline{x}_j$ 如图 8-7 所示，为前一层所有节点输出的加权和，而输出 x_j 则为激励函数对这个加权和处理以后的结果。

$$\overline{x}_j = \sum x_i w_{ij} + b_j \tag{8-9}$$

$$x_j = \frac{1}{1 + \mathrm{e}^{-\overline{x}_j}} \tag{8-10}$$

其中，x_i 代表的是上一层中第 i 个节点的 Sigmoid 输出。

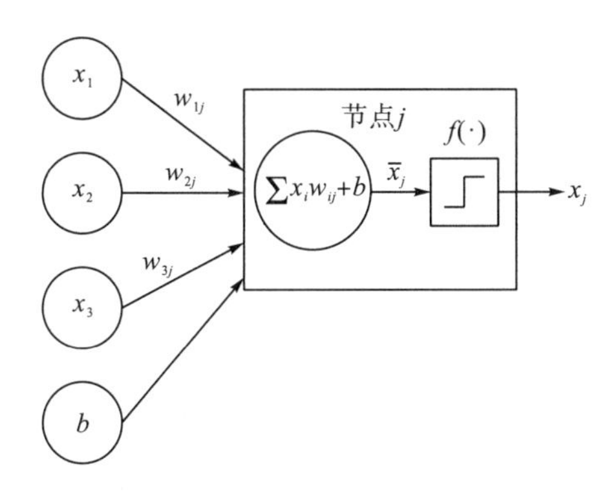

图 8-7　ANN 中隐藏层及输出层中的每个神经元的输入和输出

对于本层的节点 j 来说，输入的加权和 $\sum x_i w_{ij}$ 为上一层所有节点的输出和该节点联结到节点 j 的权重乘积累和，而 b_j 则是节点 j 的偏置值。

前面提到过，BP 算法的核心依然是梯度下降法，也就是通过比较模型输出与样本真实值之间的平方误差来调整权重矩阵 $\boldsymbol{w}$。如果模型的输出越来越靠近真实值，那么此时平方误差会缩小，说明权重优化调整得以实现。BP 算法的“反传”指的是需要将模型输出与真实值之间的差异逐层地传递到每个神经元去，并据此调整神经元之间联结的权重值 $\boldsymbol{w}$。我们知道能与真实值比较的只有输出层节点的输出值，因此所谓的“反传”需要从输出节点开始，逐步将误差传递到隐藏层的神经元中去。

接下来先从输出节点开始来构建误差信号。设 ANN 的输出节点为 o，输出为 x_o，如图 8-8 所示，而实际的标签值则为 d_o，那么模型的目标函数可定义为模型输出与真实标签之间的平方误差：

$$E_o = (d_o - x_o)^2 \tag{8-11}$$

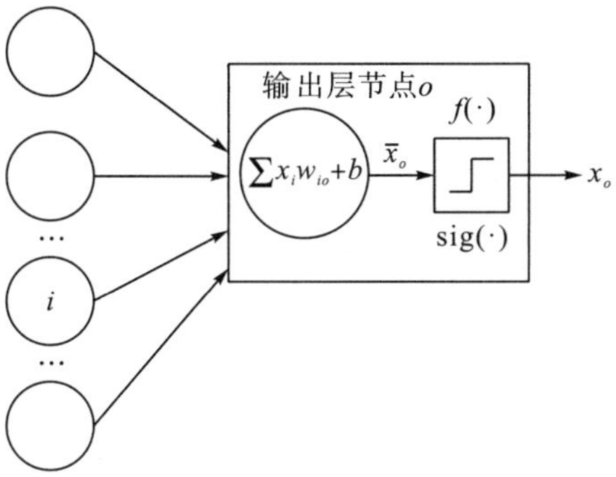

图 8-8　输出节点信号传递

因为激励函数为逻辑函数，因此有 $f(x)=\mathrm{sig}(x)=\dfrac{1}{1+\mathrm{e}^{-x}}$ ，$x_o=\mathrm{sig}(\overline{x_o})$ ，$\overline{x_o}=\sum x_i w_{io}+b_o$ ，其中 x_i 为上一层节点 i 的输出。根据梯度下降法，可求得 E 关于节点 o 的权重 $\boldsymbol{w}_o$ 的梯度向量 $\nabla\boldsymbol{E}_o$ 为

$$\nabla\boldsymbol{E}_o=\frac{\partial\boldsymbol{E}_o}{\partial\boldsymbol{w}_o} \tag{8-12}$$

其中，$w_o=[w_{1o},\cdots,w_{io},\cdots]$ ，i 指的是上一层的节点 i 。

根据链式求导法则，可知

$$\nabla\boldsymbol{E}_o=\frac{\partial\boldsymbol{E}_o}{\partial x_o}\cdot\frac{\partial x_o}{\partial\overline{x_o}}\cdot\frac{\partial\overline{x_o}}{\partial\boldsymbol{w}_o} \tag{8-13}$$

因为 $\dfrac{\partial\boldsymbol{E}_o}{\partial x_o}=-2(d_o-x_o)$ ，$\dfrac{\partial x_o}{\partial\overline{x_o}}=x_o(1-x_o)$ ，$\dfrac{\partial\overline{x_o}}{\partial\boldsymbol{w}_o}=x_i$ ，所以可知对于输出层节点 o 的误差为

$$\nabla\boldsymbol{E}_o=-2(d_o-x_o)x_o(1-x_o)x_i \tag{8-14}$$

接下来看与输出层节点 o 连接的隐藏层节点 i，因为它与 o 相连，所以它受 o 的影响，如图 8-9 所示。那么误差对节点 i 的权重 w_i 的偏导可根据链式求导法则，有

$$\nabla\boldsymbol{E}_i=\frac{\partial\boldsymbol{E}_o}{\partial x_o}\cdot\frac{\partial x_o}{\partial\overline{x_o}}\cdot\frac{\partial\overline{x_o}}{\partial x_i}\cdot\frac{\partial x_i}{\partial\overline{x_i}}\cdot\frac{\partial\overline{x_i}}{\partial w_i} \tag{8-15}$$

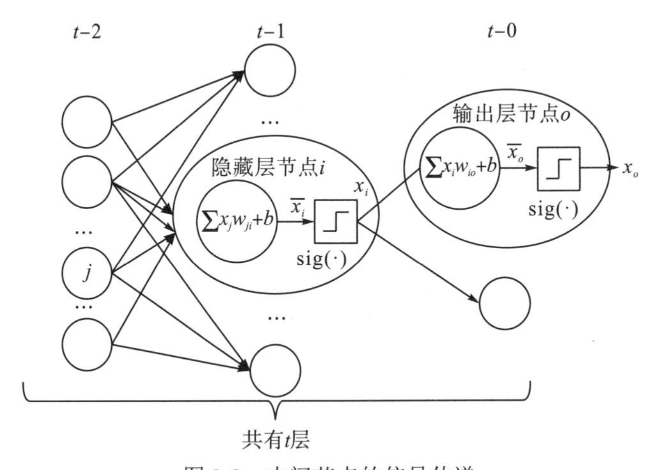

图 8-9 中间节点的信号传递

实际上观察 $\nabla\boldsymbol{E}_o$ 和 $\nabla\boldsymbol{E}_i$ 的偏导公式，可以明显看出这是一个递推的公式，如图 8-10 所示，图中节点 o 是输出节点，i 是 o 节点的上一层节点中的一个，j 是 i 节点上一层节点中的一个。图中只展示了影响 j 的下一层节点中的一个 i，实际上，在 j 节点下一层中的所有节点返回的误差都应该作为它本身权重调整的依据。因此，上一层中的某个节点的误差就是与它关联的下一层所有节点的误差再与那个节点对它的偏导 (如 $\dfrac{\partial\overline{x_o}}{\partial x_i}\cdot\dfrac{\partial x_i}{\partial\overline{x_i}}$) 相乘的结果的累计。

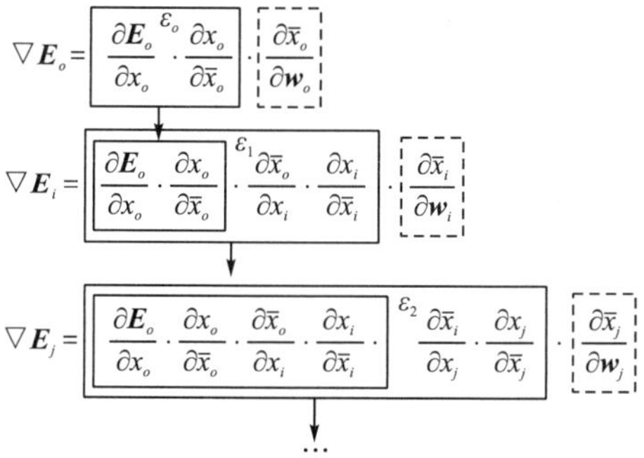

$$\nabla \boldsymbol{E}_o = \overbrace{\frac{\partial \boldsymbol{E}_o}{\partial x_o} \cdot \frac{\partial x_o}{\partial \overline{x}_o}}^{\varepsilon_o} \cdot \frac{\partial \overline{x}_o}{\partial \boldsymbol{w}_o}$$

$$\nabla \boldsymbol{E}_i = \overbrace{\frac{\partial \boldsymbol{E}_o}{\partial x_o} \cdot \frac{\partial x_o}{\partial \overline{x}_o} \cdot \frac{\partial \overline{x}_o}{\partial x_i} \cdot \frac{\partial x_i}{\partial \overline{x}_i}}^{\varepsilon_1} \cdot \frac{\partial \overline{x}_i}{\partial \boldsymbol{w}_i}$$

$$\nabla \boldsymbol{E}_j = \overbrace{\frac{\partial \boldsymbol{E}_o}{\partial x_o} \cdot \frac{\partial x_o}{\partial \overline{x}_o} \cdot \frac{\partial \overline{x}_o}{\partial x_i} \cdot \frac{\partial x_i}{\partial \overline{x}_i} \cdot \frac{\partial \overline{x}_i}{\partial x_j} \cdot \frac{\partial x_j}{\partial \overline{x}_j}}^{\varepsilon_2} \cdot \frac{\partial \overline{x}_j}{\partial \boldsymbol{w}_j}$$

…

图 8-10　$\nabla \boldsymbol{E}_i$ 中的递归表达

因此，设 ε 为下一层节点传来的误差信号，如定义 $\varepsilon_o = \frac{\partial \boldsymbol{E}_o}{\partial x_o} \cdot \frac{\partial x_o}{\partial \overline{x}_o}$，那么 $\varepsilon_i = \sum \varepsilon_o \cdot \frac{\partial \overline{x}_o}{\partial x_i} \cdot \frac{\partial x_i}{\partial \overline{x}_i}$ (如果输出节点 o 不止一个，就要算所有输出节点对当前节点 i 的影响)，以此类推，可以得到第 k 层的神经元节点 i 的误差信号为

$$\varepsilon_i^k = \begin{cases} -2\left(d_i - x_i\right) x_i \left(1 - x_i\right), & k\text{为输出层} \\ \sum_j \varepsilon_j^{k+1} \cdot \frac{\partial \overline{x}_j^{k+1}}{\partial x_i^k} \cdot \frac{\partial x_i^k}{\partial \overline{x}_i^k}, & \text{其他} \end{cases} \tag{8-16}$$

其中，j 表示 k+1 层上的某个神经元 ($j > i$)，以区别 k 层上的神经元。

因为 $\overline{x}_j^{k+1} = \sum_i x_i^k w_{ij} + b_j$，所以 $\frac{\partial \overline{x}_j^{k+1}}{\partial x_i^k} = w_{ij}$，而 $\frac{\partial x_i^k}{\partial \overline{x}_i^k}$ 依然为对逻辑函数求偏导，即 $\frac{\partial x_i^k}{\partial \overline{x}_i^k} = x_i^k(1 - x_i^k)$，所以式 (8-16) 可以写为

$$\varepsilon_i^k = \begin{cases} -2\left(d_i - x_i\right) x_i \left(1 - x_i\right), & k\text{为输出层} \\ x_i^k(1 - x_i^k) \sum_j \varepsilon_j^{k+1} w_{ij}, & \text{其他} \end{cases} \tag{8-17}$$

那么最终误差 E 关于 k 层上节点 i 的权重 w_i($w_i = [w_{1i}, \cdots, w_{ti}, \cdots]$，$t$ 表示 k−1 层上的某个节点 t) 的梯度向量可表示为

$$\nabla \boldsymbol{E} = \varepsilon_i^k \cdot \frac{\partial \overline{x}_i^k}{\partial w_i} \tag{8-18}$$

我们知道 $\overline{x}_i^k$ 表示的是节点 i 的输入，也就是上一层 (k−1 层) 所有与之连接的节点的输出加权和，即 $\overline{x}_i^k = \sum_t x_t^{k-1} w_{ti} + b_i$，所以 $\frac{\partial \overline{x}_i^k}{\partial w_i} = [x_1^{k-1}, \cdots, x_t^{k-1}, \cdots]^{\mathrm{T}}$。最后，可得到关于第 k 层的节点 i 的权重 w_{ti} 的增量为

$$\Delta w_{ti} = -\eta \cdot \varepsilon_i^k \cdot x_t^{k-1} \tag{8-19}$$

其中，η 为学习速率。

那么权重 w_{ti} 的更新公式为

$$w_{ti} = w_{ti} - \eta \cdot \varepsilon_i^k \cdot x_t^{k-1} \tag{8-20}$$

通过 ANN 权重的推导可看出，连接节点 t 和 i 的权重 w_{ti} 不仅与节点 t 的输出相关，同时与 i 连接的所有节点 j 相关，这就是反传的意义。

8.3.4 BP 的不插电示例

以前述 XOR(异或)问题为例，假设现有样本如表 8-5 所示，构建一个具 1 个输入层、1 个隐藏层、1 个输出层的三层神经网络，且输入层有 2 个神经元，隐藏层有 2 个神经元，输出层有 1 个神经元，模型结构如图 8-11 所示。设 ANN 的权重矩阵 $\boldsymbol{w}_1 = \begin{bmatrix} w_{13} & w_{14} \\ w_{23} & w_{24} \\ b_3 & b_4 \end{bmatrix}$，$\boldsymbol{w}_2 = \begin{bmatrix} w_{35} \\ w_{45} \\ b_5 \end{bmatrix}$ 初值均为 1，即 $\boldsymbol{w}_1 = \begin{bmatrix} 1 & 1 \\ 1 & 1 \\ 1 & 1 \end{bmatrix}$，$\boldsymbol{w}_2 = \begin{bmatrix} 1 \\ 1 \\ 1 \end{bmatrix}$。接下来采用在线学习(逐个样本学习)模式训练网络，因此将 4 个样本的特征值形成一个输入矩阵 $\boldsymbol{X}$，输出形成一个响应变量向量 $\boldsymbol{y}$。

$$\boldsymbol{X} = \begin{bmatrix} 0 & 0 & 1 \\ 0 & 1 & 1 \\ 1 & 0 & 1 \\ 1 & 1 & 1 \end{bmatrix}, \quad \boldsymbol{y} = \begin{bmatrix} 0 \\ 1 \\ 1 \\ 0 \end{bmatrix} \tag{8-21}$$

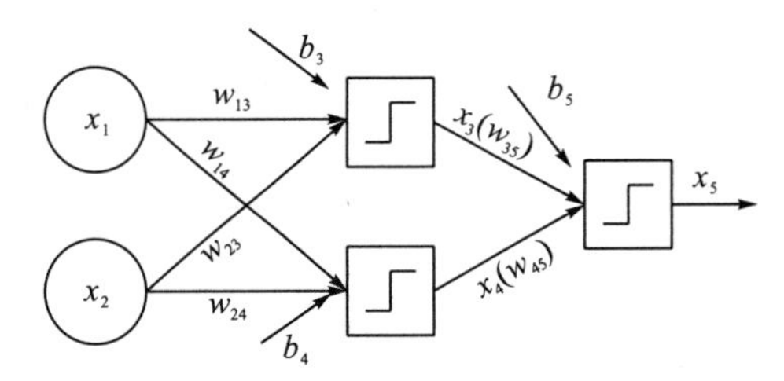

图 8-11 三层 ANN 的网络结构设计

1. 使用样本 1($\boldsymbol{X}$：[0,0,1]，$\boldsymbol{y}$：[0])训练模型

(1)首先根据权重初值，正向计算出训练样本 1[0,0,1]的输出 $\bar{\boldsymbol{X}}_1 = [\bar{x}_3, \bar{x}_4]$

$$\bar{\boldsymbol{X}}_1 = \boldsymbol{X} \cdot \boldsymbol{w}_1 = [0\ \ 0\ \ 1] \cdot \begin{bmatrix} 1 & 1 \\ 1 & 1 \\ 1 & 1 \end{bmatrix} = \begin{bmatrix} 1 & 1 \end{bmatrix} \tag{8-22}$$

接着计算 $\boldsymbol{X}_1 = [x_3, x_4] = \text{sig}(\bar{\boldsymbol{X}}_1)$

$$\boldsymbol{X}_1 = \text{sig}(\bar{\boldsymbol{X}}_1) = [0.73105858\ \ 0.731058581] \tag{8-23}$$

为 $\boldsymbol{X}_1$ 添加偏置列，改写 $\boldsymbol{X}_1$ 为

$$\boldsymbol{X}_1 = [0.73105858\ \ 0.731058581\ \ 1] \tag{8-24}$$

计算：

$$x_5 = \text{sig}(\boldsymbol{X}_1 \cdot \boldsymbol{w}_2) = 0.92144 \tag{8-25}$$

(2) 计算误差信号。因为 x_5 为输出节点，所以

$$\varepsilon_5 = -2(y - x_5)x_5(1 - x_5) = 0.1333987 \tag{8-26}$$

再计算误差信号 ε_3 和 ε_4，目前 $w_{35} = 1, w_{45} = 1$。

$$\begin{aligned}\varepsilon_3 &= x_3(1 - x_3)(\varepsilon_5 \times w_{35}) \\ &= 0.73105858 \times 0.26894142 \times 0.1333987 \\ &= 0.02623\end{aligned} \tag{8-27}$$

$$\begin{aligned}\varepsilon_4 &= x_4(1 - x_4)(\varepsilon_5 \times w_{45}) \\ &= 0.02623\end{aligned} \tag{8-28}$$

(3) 更新权重矩阵。首先进行 $\boldsymbol{w}_2$ 的更新，设学习速率 $\eta = 1$，因为 $\boldsymbol{w}_2 = \begin{bmatrix} w_{35} \\ w_{45} \\ b_5 \end{bmatrix}$，接下来根据公式逐个更新每个权重系数：

$$\begin{aligned}\boldsymbol{w}_2 &= \begin{bmatrix} w_{35} \\ w_{45} \\ b_5 \end{bmatrix} - \varepsilon_5 \times \begin{bmatrix} x_3 \\ x_4 \\ 1 \end{bmatrix} \\ &= \begin{bmatrix} 1 \\ 1 \\ 1 \end{bmatrix} - 0.1333987 \times \begin{bmatrix} 0.73105858 \\ 0.731058581 \\ 1 \end{bmatrix} = \begin{bmatrix} 0.90247774 \\ 0.90247774 \\ 0.8666013 \end{bmatrix}\end{aligned} \tag{8-29}$$

接着更新 $\boldsymbol{w}_1$：

$$\begin{aligned}w_{13} &= w_{13} - \varepsilon_3 \times x_1 = 1 - 0.02623 \times 0 = 1 \\ w_{14} &= w_{14} - \varepsilon_4 \times x_1 = 1 - 0.02623 \times 0 = 1 \\ b_3 &= b_3 - \varepsilon_3 = 1 - 0.02623 = 0.97377 \\ w_{23} &= w_{23} - \varepsilon_3 \times x_2 = 1 - 0.02623 \times 0 = 1 \\ w_{24} &= w_{24} - \varepsilon_4 \times x_2 = 1 - 0.02623 \times 0 = 1 \\ b_4 &= b_4 - \varepsilon_4 = 1 - 0.02623 = 0.97377\end{aligned} \tag{8-30}$$

实际上上述计算可以用矩阵计算来简单地表示为

$$\begin{aligned}\boldsymbol{w}_1 &= \begin{bmatrix} w_{13} & w_{14} \\ w_{23} & w_{24} \\ b_3 & b_4 \end{bmatrix} - \begin{bmatrix} x_1 \\ x_2 \\ 1 \end{bmatrix} \times [\varepsilon_3 \quad \varepsilon_4] \\ &= \begin{bmatrix} 1 & 1 \\ 1 & 1 \\ 1 & 1 \end{bmatrix} - \begin{bmatrix} 0 \\ 0 \\ 1 \end{bmatrix} \times [0.02623 \quad 0.02623] \\ &= \begin{bmatrix} 1 & 1 \\ 1 & 1 \\ 0.974 & 0.974 \end{bmatrix}\end{aligned} \tag{8-31}$$

上述过程为根据第一个样本的输出修正模型权重的过程，接下来使用其他样本对模型进行训练。

2. 使用样本 2（$\boldsymbol{X}$：[0,1,1]，$\boldsymbol{y}$：[1]）训练模型

（1）根据目前的权重值，正向计算出训练样本 2 的输出 $\bar{\boldsymbol{X}}_1=[\bar{x}_3,\ \bar{x}_4]$

$$\bar{\boldsymbol{X}}_1=\boldsymbol{X}\cdot\boldsymbol{w}_1=[0\ 1\ 1]\times\begin{bmatrix}1 & 1\\ 1 & 1\\ 0.974 & 0.974\end{bmatrix}=\begin{bmatrix}1.97 & 1.97\end{bmatrix} \tag{8-32}$$

接着计算：

$$\boldsymbol{X}_1=\operatorname{sig}\left(\bar{\boldsymbol{X}}_1\right)=\begin{bmatrix}0.878\ \ 0.878\end{bmatrix} \tag{8-33}$$

为 $\boldsymbol{X}_1$ 添加偏置列，改写 $\boldsymbol{X}_1$ 为

$$X_1=\begin{bmatrix}0.878 & 0.878 & 1\end{bmatrix} \tag{8-34}$$

计算：

$$x_5=\operatorname{sig}\left(\boldsymbol{X}_1\cdot\boldsymbol{w}_2\right)=0.921 \tag{8-35}$$

（2）计算误差信号。因为 x_5 为输出节点，所以：

$$\begin{aligned}\varepsilon_5&=-2\left(y-x_5\right)x_5\left(1-x_5\right)\\&=-2\times(1-0.921)\times0.921\times(1-0.921)\\&=-0.0115\end{aligned} \tag{8-36}$$

再计算误差信号 ε_3和ε_4：

$$\begin{aligned}\varepsilon_3&=x_3\left(1-x_3\right)\left(\varepsilon_5\times w_{35}\right)\\&=0.878\times(1-0.878)\times(-0.0116\times0.9025)\\&=-0.001\end{aligned} \tag{8-37}$$

$$\begin{aligned}\varepsilon_4&=x_4\left(1-x_4\right)\left(\varepsilon_5\times w_{45}\right)\\&=-0.001\end{aligned} \tag{8-38}$$

（3）更新权重矩阵。更新权重矩阵 $\boldsymbol{w}_2$：

$$\begin{aligned}\boldsymbol{w}_2&=\begin{bmatrix}w_{35}\\ w_{45}\\ b_5\end{bmatrix}-\varepsilon_5\times\begin{bmatrix}x_3\\ x_4\\ 1\end{bmatrix}\\&=\begin{bmatrix}0.90247774\\ 0.90247774\\ 0.8666013\end{bmatrix}-(-0.0116)\times\begin{bmatrix}0.878\\ 0.878\\ 1\end{bmatrix}=\begin{bmatrix}0.913\\ 0.913\\ 0.878\end{bmatrix}\end{aligned} \tag{8-39}$$

接着更新 $\boldsymbol{w}_1$

$$\boldsymbol{w}_1=\begin{bmatrix}w_{13} & w_{14}\\ w_{23} & w_{24}\\ b_3 & b_4\end{bmatrix}-\begin{bmatrix}x_1\\ x_2\\ 1\end{bmatrix}\times[\varepsilon_3\ \ \varepsilon_4]$$

$$
=\begin{bmatrix} 1 & 1 \\ 1 & 1 \\ 0.974 & 0.974 \end{bmatrix}-\begin{bmatrix} 0 \\ 1 \\ 1 \end{bmatrix}\times[-0.001 \quad -0.001] \tag{8-40}
$$

$$
=\begin{bmatrix} 1 & 1 \\ 1.001 & 1.001 \\ 0.975 & 0.975 \end{bmatrix}
$$

3. 重复步骤 1 和步骤 2

重复步骤 1 和步骤 2，直到样本集中所有样本均对权重做完更新，此时模型完成一个周期(epoch)的训练，再反复从第一个样本开始进入第 2～n 个 epoch 的训练。

8.4　使用 sklearn 的 ANN 工具

调用 sklearn 的 MLPClassifier 工具对异或问题求拟合，代码如下。

```
import numpy as np
from sklearn.neural_network import MLPClassifier
X=np.array([[0, 0, 1],
            [0, 1, 1],
            [1, 1, 1],
            [1, 0, 1]])
y=np.array([[0], [1], [1], [0]])
model = MLPClassifier(solver='lbfgs', activation='logistic', 
hidden_layer_sizes=(1, ), random_state=20)
model.fit(X, y)
print( model.predict(X))
[0 1 1 0]
```

通过反复训练可得最终解决异或问题的权重矩阵为

$$
\boldsymbol{w}_1=\begin{bmatrix} -0.01680551 & -0.05341866 \\ 5.82351158 & 5.12609336 \\ -3.20302847 & -2.55002287 \end{bmatrix},\quad \boldsymbol{w}_2=\begin{bmatrix} 9.67990017 \\ 7.68826359 \\ -8.5912846 \end{bmatrix} \tag{8-41}
$$

8.5　人工神经网络的计算思维

人工神经网络希望通过将输入进行非线性变化后，形成具有新的特征意义的特征空间，然后再对这些特征进行归纳总结，输出分类，所以通常人工神经网络的隐藏层的神经元数量会远远多于输入层和输出层的神经元数量，甚至有很多联结主义学派的心理学家使用人工神经网络来模拟人类脑部功能结构，以增加或减少隐藏层神经元数量来模拟发达的脑部功能区激活或受损的脑部激活状态。虽然，人工神经网络似乎每一个超参都能在人类学习过程中找到对应，但是人工神经网络因为网络结构局限性，是无法真正模拟人类学习过程的。特别是从当隐藏层神经元数量超过一定界限，网络性能反而会产生下降就能看出，这与观察到的人脑激活规律是不符合的。理论上来讲，功能区激活越多，网络性能应该越好，即使考虑到大脑可塑性的上限，功能区激活增多，性能也不可能下降，最多是维持前期水平。

深度学习神经网络的出现打破了普通人工神经网络的局限，因为它几乎能百分之百地模拟人类视觉信息输入和识别的过程：首先对细微特征进行扫视，然后形成线条局部特征，再形成有意义的局部特征(如嘴、鼻子)，最后形成识别反馈。对样本的特征见得越多，反馈时间越短，越能形成有意义的可迁移应用的组合特征，越能往高层抽象，形成“量变到质变”。

深度学习神经网络对教育领域的影响是深远的。我们通常说的“顿悟”，也就是具有相同底层特征的样本(包含变化)见得太多了，突然有一天就能够发现这些特征形成的组合特征，因为这些组合特征通常是非线性变化的，所以很难去描绘那种顿悟出来的结果。如果我们试图去解释这个“顿悟”，不妨试试用深度学习神经网络的特征提取过程来模拟一下：首先从提取认知的最底层特征开始，然后看看这些基础特征能够形成什么样的组合特征，因为这些特征必须要被学生所“学习”，所以，需要引导他们去发现这些特征，如果简单地将特征“传递”给他们，那么他们不具备特征侦测和提取的能力。学生一旦“发现”了目标特征，就会产生“顿悟”的感觉。

如果学生无法发现目标特征，那么说明学生对底层特征不够熟悉，这时需要加大底层特征学习的强度，即需要大量练习，练习中除了有重复出现的离散特征，还需要有各种特征的组合变化，以形成关于“特征变化过程”的模式，并将这些模式注册到大脑中，需要使用的时候快速提取出来，以降低在线任务处理的资源耗费。有的学生对特征敏感，有些学生对特征不敏感，所以不同学生学习所需要的训练特征样本集规模是不同的。这个现象是由个体差异造成的，但是理论上来讲，虽然所需要的样本集不同，但是只要在满足个体特征习得所需的样本集规模的基础上，特征都会被成功习得，除非学生有某方面的功能障碍。

以两个小学奥数题为例进行说明：

(1) 求解 $3\times5+5\times7+7\times9+\cdots+99\times101$；

(2) $(2+1)\times(2^2+1)\times(2^4+1)\times(2^8+1)\times(2^{16}+1)\times(2^{32}+1)+1$。

求解这两题之前先观察这两题的特征，第(1)题具有 $n\times(n+2)+(n+2)\times(n+2\times2)$ 的特征，明显是一个递归公式，可以用 $f(n)=f(n-1)+(2n+1)(2n+3)$ 来表达，看题面可知要求解 $f(49)$。如果用计算机，可以使用递归公式求解，但是实际上小学生没法在有限时间内做递归，所以这个特征几乎是不可用的。跟算法要求计算机必须能在有限时间内完成一个道理，这道题的特征一定是要求小学生能在有限时间内求解的特征。再仔细观察可以看出乘式具有 $(n-1)\times(n+1)$ 的特点，即可改写成 n^2-1。那么第(1)题的表达可变为

$$(4-1)\times(4+1)+(6-1)\times(6+1)+\cdots+(100-1)\times(100+1)$$
$$=(4^2-1)+(6^2-1)+\cdots+(100^2-1)$$

到目前为止，如果将公约数 2 提出来，平方项就变成了 $2^2+3^2+4^2+\cdots+50^2$ 再补充一个 1^2 就是金字塔数求和。

再来看第(2)题，因为是累乘，但是每个乘项又由平方项构成，难道这道题也与金字塔数求和相关吗？仔细看看，每个乘数里的平方项并不是自然数的平方，而是平方的平方，也就是说最基本的特征是 $(n^2)^2+1$，如果是 n^2-1，我们立刻会想到模式 $(n-1)\times(n+1)$，但是这里并不是 n^2-1，比较奇怪的是第一个乘项 $(2+1)$ 明明可以用 3 来表示，为什么要多此一举写成两个数的和的形式呢？似乎在提示我们这里的“+”是必须的，因为 $2+1=1\times(2+1)=(2-1)\times(2+1)=2^2-1$，原来如此，为什么要用平方的平方的累乘，原来是为了让前一个 n^2-1 能够顺利地与后一个 n^2+1 进行变换。看到了这个特征，实际上会发现原来它的基础特征还是 n^2-1。

到目前为止，已经能够发现题(1)和题(2)的基础特征都是 n^2-1，但是它们的变换形式是非常灵活多样的，从而形成更多的组合特征，组合特征加入别的特征(如金字塔数求和)，又形成了新的模式。这些特征组合并不是通过简单的同类型特征学习就能够习得，这时就需要迁移学习的能力，而这，恰好是机器学习目前需要解决的难题之一。

机器学习到目前为止虽然能在领域问题上发挥超人脑的作用，甚至可以在人脸识别上超越人的识别能力，但是它们依然无法达到人类举一反三的迁移学习的能力，即对学习到的特征进行远端转移应用，并源源不断地根据需求产生新的特征和运用模式。这种远端迁移应用的能力是人类创造力的来源，是产生科技创新和技术革命的原动力。这也是本书结合机器学习算法并将其拓展为计算思维，并可以运用到学习和日常生活中的根本目的。

课后练习

1. 现有 3 层 MLP，分别是 2×2×1 结构，如下图所示。有样本向量[0.8,0.3]，响应变量真实值为 0.5，当前网络权重值和偏差如下表所示，设学习速率为 1，计算第一轮的权重调整。

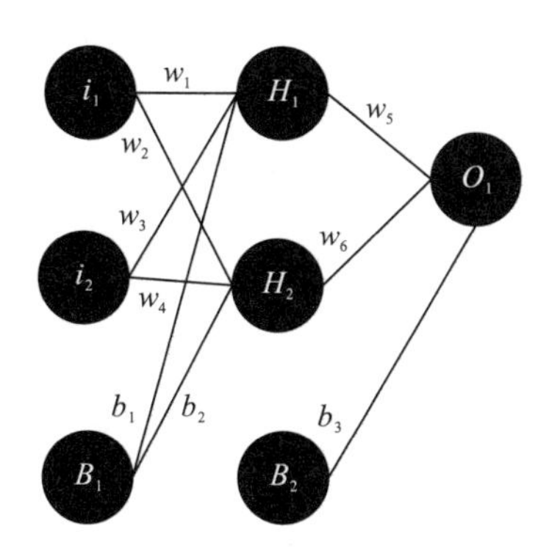

权重	值
w_1	0.4
w_2	0.3
w_3	0.8
w_4	0.1
w_5	0.6
w_6	0.2
b_1	0.5
b_2	0.2
b_3	0.9

2.试编写 3-n-1 的反传 MLP 神经网络求解 3 输入双极性 XOR 问题，训练数据矩阵如下，其中前三列是输入，最后一列是输出。每一行表示一个期望的输入-输出对。尝试 n=3、n=5 和 n=7 的结果，并计算前十次训练周期每次网络的平均平方误差(MSE)：

$$\mathrm{MSE}=\frac{1}{m}\sum_{j=1}^{m}(y_j-x_j)^2$$

其中，y_j 为真实输出；x_j 是样本 j 的网络输出；m=8。

$$\begin{bmatrix} -1 & -1 & -1 & -1 \\ -1 & -1 & 1 & 1 \\ -1 & 1 & -1 & 1 \\ -1 & 1 & 1 & -1 \\ 1 & -1 & -1 & 1 \\ 1 & -1 & 1 & -1 \\ 1 & 1 & -1 & -1 \\ 1 & 1 & 1 & 1 \end{bmatrix}$$

第 9 章　支持向量机

本章将介绍一种黑盒分类器——支持向量机(SVM)，包括 SVM 的基本原理、模型的对偶形式及 SVM 中常用的核技巧。虽然前文已经提到要理解支撑黑盒分类器有效运行的计算模型不是一件容易的事，但是在本章中，依然尽量通过分解其构成的基础模块来抽取其中的思维框架。例如，从 SVM 试图将样本的特征空间扩大到更高维，以实现在高维空间中划分不同类数据的空间间隔，以及模型如何利用对偶形式来实现使用样本间内积以及样本系数 n_i 替代训练原始 w 的目的，而这种对偶形式又可以通过预先生成格拉姆(Gram)矩阵来减少 SVM 升阶后造成的核函数计算时间的耗费。

9.1　支持向量机 SVM 的基本原理

9.1.1　SVM 中用于分类的超平面

SVM 学习的基本原理是求解能够正确划分训练数据集并且几何间隔最大的分离超平面。在更新单层感知器里的系数 w 时，实际上是在寻找一个分割两个类别数据的超平面，可以看出系数 w 优化的过程，就是分割平面不断移动的过程。也就是说，如果把数据集的响应变量改为双极性值表示{−1,1}，且数据集是线性可分的，那么一定可以找到超平面 $w \cdot x + b = 0$，将数据集分割开来。并且正样本一定有 $w \cdot x + b > 0$，负样本一定有 $w \cdot x + b < 0$。$w \cdot x + b = 0$ 即为分离超平面。对于线性可分的数据集来说，这样的超平面有无穷多个，但是几何间隔最大的分离超平面却是唯一的，如图 9-1 所示，那么此时，几何间隔最大的分离超平面有两个，分别是 $w \cdot x + b = 1$ 和 $w \cdot x + b = -1$。SVM 的分类前提是，数据一定是可分的，也就是说一定可以在数据间找到一个超平面将其分割开来，那么离超平面 $w \cdot x + b = 0$ 最近的正样本和负样本，就叫作支持向量，因为它们一定落在超平面 $w \cdot x + b = 1$ 和超平面 $w \cdot x + b = -1$ 上。

因此，找到支持平面及支持向量是 SVM 学习的目标，因为一旦找到了分类的支持平面，也就意味着可以通过将样本的特征输入到公式 $w \cdot x + b$ 中，通过判断其值是大于 1，还是小于−1 来判断样本的类别归属。

SVM 要寻找的分类超平面，是一个在高维空间起作用的工具，也就是说在低维空间不可分的数据，也许在高维空间其实是可分的，这是一个可行的更好解决数据分类问题的假设。例如，有如表 9-1 所示的数据集，这 12 个样本，如果单纯观测其特征 x_1 和 x_2，可以得到如图 9-2(a)所示的二维空间分布，这时数据是不可分的，但是一旦将特征 x_3 纳入考虑，此时样本的特征空间从二维变成了三维，可以从图 9-2(b)看出，这一组数据在三维空间中是可分的。

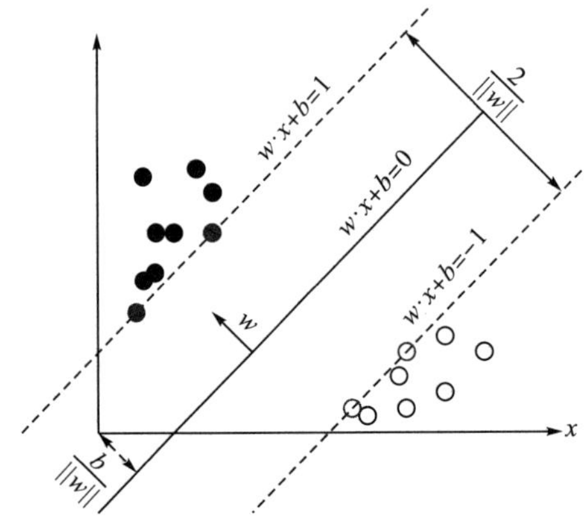

图 9-1 支持向量机的超平面分割

表 9-1 示例样本

ID	x_1	x_2	x_3
0	7	5	3
1	5	7	3
2	7	7	3
3	3	3	3
4	4	6	3
5	1	4	1
6	0	0	1
7	2	2	1
8	8	7	1
9	6	8	1
10	5	5	1
11	3	7	1

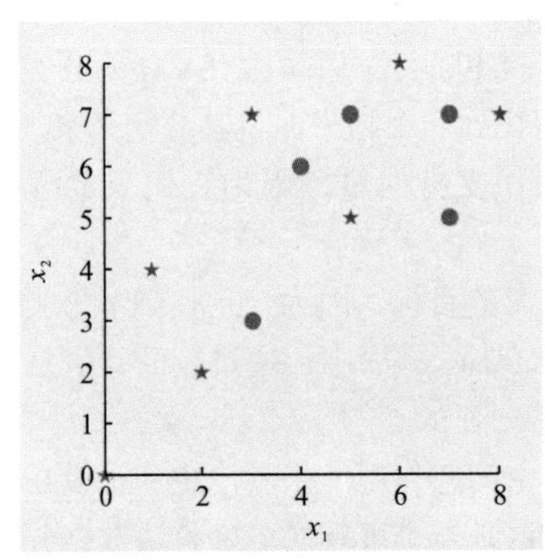

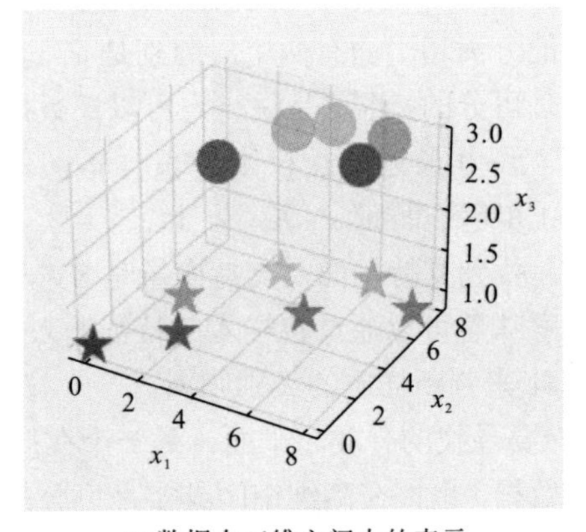

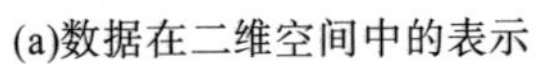
(a)数据在二维空间中的表示

(b)数据在三维空间中的表示

图 9-2 数据在空间中的表示

9.1.2　SVM 的目标函数

虽然前面提到了 SVM 的目标是找到具有最大几何间隔的超平面，但是实际上图 9-1 中表示的不同类样本间的间隔是函数间隔，而图 9-2(b) 中不同类样本间的间隔是几何间隔。也就是说，在图 9-1 中可以用 $|w\cdot x+b|$ 表示点 x 到超平面 $w\cdot x+b=0$ 的相对距离，但是如果在真正的高维空间中，这个距离应该是几何间隔，即

$$\frac{w\cdot x+b}{\|w\|_2} \tag{9-1}$$

判断样本点 x 到超平面 $w\cdot x+b=0$ 距离的目的是判断这个点的类别归属，即判断它到超平面的距离是大于 0 的还是小于 0 的。这时可以利用几何距离和其自身的类别标签的乘积来判断它是否被 SVM 正确分类了。很显然，如果它被正确分类了，那么它自己的标签 y 和 $w\cdot x+b$ 的乘积一定是大于 0 的，因为 y 和 $w\cdot x+b$ 同号；否则，y 和 $w\cdot x+b$ 的乘积一定是小于 0 的；因为 y 和 $w\cdot x+b$ 不同号。这时，可以令

$$\gamma=\frac{y(w\cdot x+b)}{\|w\|_2} \tag{9-2}$$

当 SVM 找到分类超平面时，此时所有样本的 γ 均应大于 0，所以目标函数可以约定为

$$\max\frac{y(w\cdot x+b)}{\|w\|_2}\quad \text{s.t.}\quad y(w\cdot x+b)\geqslant 1 \tag{9-3}$$

目标函数里带有约束条件，$y(w\cdot x+b)\geqslant 1$，这是指当 SVM 找到最大分割超平面时，支持两个最大分割超平面上的样本点一定与超平面 $w\cdot x+b=0$ 的距离为 1 和−1，而不在支持平面上的样本点，它们与超平面的距离则一定是大于 1 或小于−1 的。前面提到过，这个约束条件是 SVM 要成功运行的前提，即数据在某个高维空间中是可分的。那么这个时候，实际上我们只需要使得支持平面上的点距离最大就好了，因此式(9-1)可以简化为

$$\max\frac{1}{\|w\|_2}\quad \text{s.t.}\quad y(w\cdot x+b)\geqslant 1 \tag{9-4}$$

要找到最大化的 $\frac{1}{\|w\|_2}$，那么只需要分母 $\|w\|_2$ 最小化，那么式(9-4)还可以进一步改写为

$$\min\frac{1}{2}\|w\|_2\quad \text{s.t.}\quad y(w\cdot x+b)\geqslant 1 \tag{9-5}$$

式(9-5)里的 1/2 是为了后面求导以后形式简洁，并不影响最终结果。此时，式(9-5)是一个凸函数，根据凸优化理论，可以通过拉格朗日函数将我们的优化目标转化为无约束的优化函数。式(9-5)再次被转化为

$$L(w,b,\alpha)=\frac{1}{2}\|w\|_2^2-\sum_{i=1}^{m}\alpha_i[y_i(w\cdot x_i+b)-1] \tag{9-6}$$

此时，SVM 需要优化的系数从 w 和 b 扩展为还需优化 α，α 为拉格朗日乘子。

9.1.3 SVM 的目标函数求解

SVM 的目标函数最终演变为 $\max_{\alpha_i \geqslant 0}\min_{w,b}L(w,b,\alpha)$，首先利用序列最小优化(sequential minimal optimization，SMO)算法求出 α 的极大值 α^*，因为在 $L(w,b,\alpha)$ 的极小值位置，对 w 和 b 的偏导值一定为 0，因此有

$$\frac{\partial L}{\partial w}=0 \Rightarrow w=\sum_{i=1}^{m}\alpha_i y_i x_i \tag{9-7}$$

$$\frac{\partial L}{\partial b}=0 \Rightarrow b=\sum_{i=1}^{m}\alpha_i y_i=0 \tag{9-8}$$

将算出结果再代入式(9-7)可求出 w^*：

$$w^*=\sum_{i=1}^{m}\alpha^* y_i x_i \tag{9-9}$$

而 b^* 则是所有样本 b 值的平均值。求 w^* 和 b^* 的公式 $w^*\cdot x+b^*$ 即为训练成功的 SVM 分类器，对未知分类样本 x 的预测结果即为 $\operatorname{sgn}(w^*\cdot x+b^*)$。

9.2 单层感知器的对偶形式

在更新单层感知器的系数 w 时，实际上是在寻找一个分割两个类别数据的超平面，以表 9-1 的鸢尾花数据集为例，可看出系数 w 优化的过程，就是分割平面不断移动的过程。也就是说，如果把数据集的响应变量改为双极性值表示{−1,1}，且数据集是线性可分的，那么一定可以找到超平面 $w\cdot x+b=0$，将数据集分割开来。并且正样本一定有 $w\cdot x+b>0$，负样本一定有 $w\cdot x+b<0$。再来看系数迭代公式，如果响应变量是二进制值表示{0,1}，第 8 章已经介绍 w 的迭代公式为 $\Delta w_i=\varepsilon\cdot[y_i-f(x_i)]x_i$，其中 ε 为学习速率。但是，如果响应变量是以双极性值表示{−1,1}，那么可利用观察 $w\cdot x_i+b$ 和 y_i 是否同号，即式(9-10)的结果是否大于 0 来判断分类是否正确，如果分类正确，那么权重不更新，否则更新。

$$y_i(w\cdot x_i+b) \tag{9-10}$$

但是值得注意的是，如果一个样本 (x_i,y_i) 已经在反复迭代中被使用了 n_i 次用于修正系数 w，那么可以考虑这个样本是不是不太好被识别，所以才会反复被分类错误。第 7 章集合学习策略中所使用的 AdaBoost 算法里，对这种被分类器反复分类错误的样本，会采取加大其权重的措施。在这里，如果一个样本反复被识别错误，那么这个样本可以被假设是靠近超平面很近的点，也应该加大它在分类算法中的重要性（n_i）。公式 $\Delta w_i=\varepsilon\cdot[y_i-f(x_i)]x_i$ 是一个递归公式，如果不想用递归公式来表示系数 w 的当前状态，可以使用公式(9-11)来表示它，其中 N 为样本总数。

$$w=\sum_{j=1}^{N}n_j\varepsilon y_j x_j \tag{9-11}$$

$$b = \sum_{j=1}^{N} n_j \varepsilon y_j \tag{9-12}$$

将式(9-11)代入感知器模型 $f(x_i) = \mathrm{sgn}(x_i w_i + b)$ 中[①]，有

$$f(x_i) = \mathrm{sgn}\left(\sum_{j=1}^{N} n_j \varepsilon y_j x_j \cdot x_i + \sum_{j=1}^{N} n_j \varepsilon y_j\right) \tag{9-13}$$

这时将感知器训练 w 和 b 的目标转换为训练 n_i，$i=1,2,\cdots,N$，此时单层感知器为对偶形式。训练算法如下所示。①设置所有样本的初始值 n 为 0；②在训练集中选取样本对 (x_i, y_i)，如果 $y_i\left(\sum_{j=1}^{N} n_j \varepsilon y_j x_j \cdot x_i + \sum_{j=1}^{N} n_j \varepsilon y_j\right) \leqslant 0$，那么更新样本对 (x_i, y_i) 的权重 n_i 更新为 $n_i = n_i + 1$，$b = b + y_i$，否则维持 n_i 不变；③转至②继续执行，直到没有样本被错误分类，即所有样本的 $y\left(\sum_{j=1}^{N} n_j \varepsilon y_j x_j \cdot x_i + \sum_{j=1}^{N} n_j \varepsilon y_j\right) > 0$，算法结束。

其实从算法中可以看出，感知器的分类本质并没有发生改变，区别在于在调整系数的时候增加了当前样本与其他样本的内积[②]。观察算法中 $y_i\left(\sum_{j=1}^{N} n_j \varepsilon y_j x_j \cdot x_i + \sum_{j=1}^{N} n_j \varepsilon y_j\right)$，可以看出，对样本 (x_i, y_i) 来说，需要计算它与其他所有样本 x_j 的内积（$x_j \cdot x_i$）。这里举一个例子，用表 9-2 的鸢尾花数据为训练样本，训练感知器的对偶形式模型。

表 9-2 鸢尾花数据集

实例 ID	x_1	x_2	label	n_i	$\sum_{j=1}^{N} n_j \varepsilon y_j$
1	5.1	1.4	−1	0	0
2	5.4	1.7	−1	0	0
3	5.3	1.5	−1	0	0
4	5.6	4.1	1	0	0
5	5.7	4.5	1	0	0

(1) 首先设 n_i 的初值为 0，$\varepsilon = 1$。

(2) 计算 $y_i\left(\sum_{j=1}^{N} n_j \varepsilon y_j x_j \cdot x_i + \sum_{j=1}^{N} n_j \varepsilon y_j\right)$，此时对每个样本 (x_i, y_i) 需要计算 $n_1 y_1 x_1 \cdot x_i + n_2 y_2 x_2 \cdot x_i + n_3 y_3 x_3 \cdot x_i + n_4 y_4 x_4 \cdot x_i + n_5 y_5 x_5 \cdot x_i + (n_1 y_1 + n_2 y_2 + \cdots + n_5 y_5)$

因为每个样本的计算都会反复用到（$x_j \cdot x_i$），因此将（$x_j \cdot x_i$）存储在一个叫 Gram 的矩阵中，每次计算 $y_i\left(\sum_{j=1}^{N} n_j \varepsilon y_j x_j \cdot x_i + \sum_{j=1}^{N} n_j \varepsilon y_j\right)$ 直接从矩阵中去读取相应的（$x_j \cdot x_i$）值就行了。在本例中，Gram 矩阵是一个 5×5 的矩阵：

① 在第 8 章中，感知器模型因为使用的是[0,1]标记，所以采用了阶跃函数 step()，这里因为标记为[−1,1]，所以激励函数要采用符号函数 sgn()。

② 向量内积（点积·），设有向量 $\boldsymbol{a} = [a_1, a_2, \cdots, a_n]$ 和 $\boldsymbol{b} = [b_1, b_2, \cdots, b_n]$，$\boldsymbol{a} \cdot \boldsymbol{b} = a_1 b_1 + a_2 b_2 + \cdots + a_n b_n$。

$$G=\begin{bmatrix} x_1\cdot x_1 & x_1\cdot x_2 & \cdots & x_1\cdot x_5 \\ x_2\cdot x_1 & x_2\cdot x_2 & \cdots & x_2\cdot x_5 \\ \cdots & \cdots & & \cdots \\ x_5\cdot x_1 & x_5\cdot x_2 & \cdots & x_5\cdot x_5 \end{bmatrix} = \begin{bmatrix} 27.97 & 29.92 & 29.13 & 34.3 & 35.37 \\ 29.92 & 32.05 & 31.17 & 37.21 & 38.43 \\ 29.13 & 31.17 & 30.34 & 35.83 & 36.96 \\ 34.3 & 37.21 & 35.83 & 48.17 & 50.37 \\ 35.37 & 38.43 & 36.96 & 50.37 & 52.74 \end{bmatrix} \tag{9-14}$$

将 $n_i\varepsilon y_i$ 存入向量 $\boldsymbol{A}=[n_1\varepsilon y_1, n_2\varepsilon y_2,\cdots,n_5\varepsilon y_5]$ 中，此时 $\sum_{j=1}^{N} n_j\varepsilon y_j x_j\cdot x_i=\boldsymbol{A}\times\boldsymbol{G}[:,i]$，$\boldsymbol{G}[:,i]$ 为 $\boldsymbol{G}$ 矩阵中的第 i 列向量。$\boldsymbol{y}=[-1,-1,-1,1,1]$，计算：

$$\sum_{j=1}^{N} n_j\varepsilon y_j x_j\cdot x_i=\boldsymbol{A}\times\boldsymbol{G}[:,i] \tag{9-15}$$

(3) 对样本 1 (5.1,1.4) 来说：

$$\begin{aligned} & y_1\left(\sum_{j=1}^{N} n_j\varepsilon y_j x_j\cdot x_1+\sum_{j=1}^{N} n_j\varepsilon y_j\right) \\ & =(-1)\times\left([0\ 0\ 0\ 0\ 0]\times\begin{bmatrix} 27.97 \\ 29.92 \\ 29.13 \\ 34.3 \\ 35.37 \end{bmatrix}+0\right) \\ & =0 \end{aligned} \tag{9-16}$$

因为结果≤0，说明样本点 1 分类不正确，需更新 n_1 为 1，更新 b 为 $b=b+(-1)=-1$。再次计算

$$y_1\left(\sum_{j=1}^{N} n_j\varepsilon y_j x_j\cdot x_1+\sum_{j=1}^{N} n_j\varepsilon y_j\right) \tag{9-17}$$

$$=(-1)\times\left([-1\ 0\ 0\ 0\ 0]\times\begin{bmatrix} 27.97 \\ 29.92 \\ 29.13 \\ 34.3 \\ 35.37 \end{bmatrix}-1\right)=28.97$$

此时说明样本点已被正确分类，接下来考虑样本点 2 (5.4,1.7)：

$$y_2\left(\sum_{j=1}^{N} n_j\varepsilon y_j x_j\cdot x_2+\sum_{j=1}^{N} n_j\varepsilon y_j\right) \tag{9-18}$$

$$=(-1)\times\left(\begin{bmatrix}-1 & 0 & 0 & 0 & 0\end{bmatrix}\times\begin{bmatrix}29.92\\32.05\\31.17\\37.21\\38.43\end{bmatrix}-1\right)=30.92$$

该点已被正确分类，n 和 b 不变，继续考虑样本点 3 (5.3,1.5)，其输出值为 30.13，正确分类；样本点 4 (5.6,4.1) 的输出值为−35.3，说明样本点 4 被错误分类。更新 n_4 为 1，更新 b 为 0。

9.3 SVM 的核函数

核函数是一种计算技巧，正如图 9-2 所示，很多数据如果在低维空间不可分，并不意味着它在高维空间也不可分，对于 SVM 来说，一个很重要的技巧是将数据的空间维数扩展，让数据特征间更多的细节被暴露出来，这种技巧在第 3 章已经被提到，即人为地生成一些组合特征，使得样本的特征空间维度更多，包含的信息更丰富，但是这样升阶的问题是，多项式扩展出来的高阶不一定能实现可分的目的，计算成本也会随之大大增加。

如果约定一些扩展特征空间的函数，使得它们的计算可以用更简单的方式表示，这样就可以节省计算量，同时可以使得升阶后的空间能传递的信息更多样化，这种技巧被称为核函数。核函数 (kernel function) 就是指 $K(\boldsymbol{x},\boldsymbol{y})=<f(\boldsymbol{x}),f(\boldsymbol{y})>$，其中 $\boldsymbol{x}$ 和 $\boldsymbol{y}$ 是样本原始的 n 维特征输入，$f(\cdot)$ 是一个从 n 维映射到 m 维的函数 (因为要从低维扩展到高维，所以 $m\gg n$)。$<\boldsymbol{x},\boldsymbol{y}>$是向量 $\boldsymbol{x}$ 和 $\boldsymbol{y}$ 的内积 (inner product)，即点积 (dot product)。

其实结合 9.2 节中讲解的感知器的对偶形式可以看出，核函数的作用就是先对样本向量间实现内积操作，再升阶。这里举个例子，假设现有两个样本 $\boldsymbol{x}$ 和 $\boldsymbol{y}$:

$$\boldsymbol{x}=\begin{bmatrix}x_1\\x_2\end{bmatrix},\quad \boldsymbol{y}=\begin{bmatrix}y_1\\y_2\end{bmatrix} \tag{9-19}$$

$$f(\boldsymbol{x})=\begin{bmatrix}x_1x_1\\x_1x_2\\x_2x_1\\x_2x_2\end{bmatrix},\quad f(\boldsymbol{y})=\begin{bmatrix}y_1y_1\\y_1y_2\\y_2y_1\\y_2y_2\end{bmatrix} \tag{9-20}$$

$$\begin{aligned}K(\boldsymbol{x},\ \boldsymbol{y})&=f(\boldsymbol{x})\cdot f(\boldsymbol{y})\\&=x_1x_1y_1y_1+x_1x_2y_1y_2+x_2x_1y_2y_1+x_2x_2y_2y_2\\&=(x_1y_1)^2+(x_2y_2)^2+2x_1x_2y_1y_2\\&=(x_1y_1+x_2y_2)^2\\&=<\boldsymbol{x}\cdot\boldsymbol{y}>^2\\&=(\boldsymbol{x}^{\mathrm{T}}\boldsymbol{y})^2\end{aligned} \tag{9-21}$$

从上面这个例子可以看出，核函数 $K(\boldsymbol{x},\boldsymbol{y})$ 最终可以通过样本原始维度向量之间的点积的平方与样本先升阶再点积的结果实现等价，那么就意味着如果用核函数，可以直接计算原始样本的点积，再做升阶操作，这样就不用再去计算繁复的 x_1x_1、y_1y_1 等数据项了。

因此，这里可以扩展为如果 $f(\cdot)$ 映射的阶数为 d，那可以得到如式(9-22)所示的多项式核。

$$K(\boldsymbol{x},\boldsymbol{y})=(\gamma<\boldsymbol{x}\cdot\boldsymbol{y}>+c)^d \tag{9-22}$$ ①

当然，核函数要能写成如式(9-22)所示的形式，必须要满足计算后的结果与样本先升阶再内积的结果一致。因此，这也是判定 $K(\boldsymbol{x},\boldsymbol{y})$ 是否是核函数的条件。满足上述条件的核函数有很多，除了上面提到的多项式核，还有如式(9-23)所示高斯核函数[又称径向基函数(radial basis function，RBF)]和如式(9-24)所示的 Sigmoid 核(S 核)等其他核函数：

$$K(\boldsymbol{x},\boldsymbol{y})=\exp\left(-\frac{\|\boldsymbol{x}-\boldsymbol{y}\|^2}{2\sigma^2}\right) \tag{9-23}$$

$$K(\boldsymbol{x},\boldsymbol{y})=\tanh(\gamma<\boldsymbol{x}\cdot\boldsymbol{y}>+c) \tag{9-24}$$

9.4 sklearn 中使用 SVM 工具分类

这里使用 SVM 来对 sklearn 自带的乳腺癌数据集 breast_cancer 进行分类预测，并且使用了 RBF。下面代码同时调用了逻辑回归模型、高斯朴素贝叶斯模型以及 KNN 模型对该数据集进行分类预测，图 9-3 是 4 种模型的 ROC 曲线和 AUC 面积，可以看出当前训练结果显示，SVM 和 KNN 都获得了最好的性能(AUC=0.94)，逻辑回归模型性能排列第二(AUC=0.91)，而高斯朴素贝叶斯模型性能最差(AUC=0.89)。

```
import numpy as np
from sklearn import datasets
from sklearn.model_selection import train_test_split
from sklearn import linear_model
from sklearn.linear_model import LogisticRegression
from sklearn.naive_bayes import GaussianNB
from sklearn.neighbors import KNeighborsClassifier
from sklearn.svm import SVC
from sklearn.pipeline import Pipeline
from sklearn.metrics import roc_curve, auc
import matplotlib.pyplot as plt

cancer = datasets.load_breast_cancer()
X = cancer.data
y = cancer.target
```

① 也可以写为 $K(\boldsymbol{x},\boldsymbol{y})=(\boldsymbol{x}^{\mathrm{T}}\boldsymbol{y}+c)^d$。

```
X_train, X_test, y_train, y_test = train_test_split(X, y,
test_size=0.2)

def RBFKernelSVC():
    return Pipeline([
        ("svc", SVC(kernel="rbf"))
    ])

model1 = LogisticRegression()
model2 = GaussianNB()
model3 = KNeighborsClassifier()
model4 = RBFKernelSVC()

model1.fit(X_train, y_train)
model2.fit(X_train, y_train)
model3.fit(X_train, y_train)
model4.fit(X_train, y_train)
predictions1 = model1.predict(X_test)
predictions2 = model2.predict(X_test)
predictions3 = model3.predict(X_test)
predictions4 = model3.predict(X_test)
false_positive_rate1, recall1, thresholds1 = roc_curve(y_test,
predictions1)
false_positive_rate2, recall2, thresholds2 = roc_curve(y_test,
predictions2)
false_positive_rate3, recall3, thresholds3 = roc_curve(y_test,
predictions3)
false_positive_rate4, recall4, thresholds4 = roc_curve(y_test,
predictions4)
roc_auc1= auc(false_positive_rate1, recall1)
roc_auc2= auc(false_positive_rate2, recall2)
roc_auc3= auc(false_positive_rate3, recall3)
roc_auc4= auc(false_positive_rate3, recall4)
plt.title('ROC CURVE')
plt.plot(false_positive_rate1 , recall1 , 'b' ,
label='LogisticRegression AUC=%0.2f' % roc_auc1)
plt.plot(false_positive_rate2, recall2, 'r', label='GaussianNB
AUC=%0.2f' % roc_auc2)
plt.plot(false_positive_rate3, recall3, 'g', label='KNeighbors
Classifier AUC=%0.2f' % roc_auc3)
```

```
    plt.plot(false_positive_rate4,recall3,'k',label='SVMClassifier AUC=%0.2f' % roc_auc4)
    plt.legend(loc='lower right')
    plt.plot([0, 1],  [0, 1], 'p--')
    plt.xlim([0.0, 1.0])
    plt.ylim([0.0, 1.0])
    plt.ylabel('Recall')
    plt.xlabel('False positive rate')
    plt.show()
```

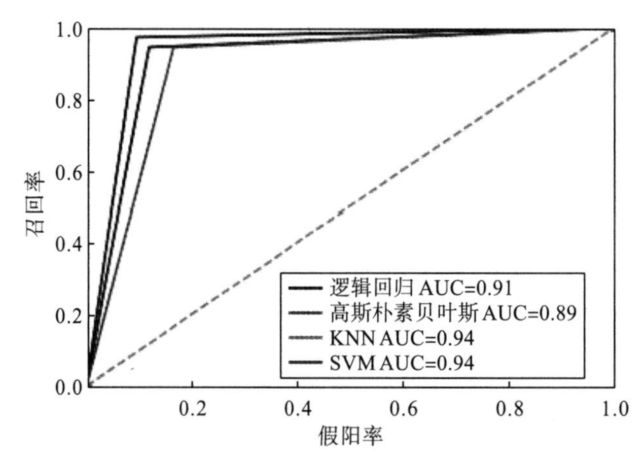

图 9-3 4 种模型在乳腺癌数据集上的 ROC 曲线和 AUC 面积

课后练习

用 sklearn 自带的 load_digits() 手写数字数据集训练 SVC 模型，并观察不同核函数的性能差异。

第10章 聚　　类

聚类方法不仅广泛应用于数据的组织与分类，而且还可以用于模型构造。本章将介绍两种常用的聚类算法：K 均值算法和模糊 C 均值(FCM)聚类算法。

10.1 聚类算法的原理

聚类算法是典型的非监督学习算法，它主要将一个数据集划分为若干组，使得组内相似性大于组间相似性。实现这样的划分需要一个相似性度量，即取两个输入向量，返回反映这两个向量间相似性的数据。如前所述，由于大多数相似性度量对输入向量中元素的值域非常敏感，因此，每个输入变量都必须做范式化处理。实际上，聚类是希望通过机器帮助我们发现肉眼无法发现的规则，以便了解更多关于问题域的信息，即所谓的模式发现或知识发现。聚类的最理想状态是在样本特征和分类结果间产生“因为-所以”(if-then)的因果关联，要实现这个目的，必须假设：

①具有相似性的样本聚类后，应该产生相似的类别输出；

②相似的输入-输出对，应该在训练集中的各个类别中。

假设①说明聚类需要产生一个对样本特征识别且能正确进行相似度判定的模型，然后还要能够对具有相似特征的样本进行平滑输出的能力；假设②意味着数据集必须满足一些特殊的数据分布(如正态分布)，模型才会产生有意义的输出。实际上这两个假设在真实使用的数据集中很难被满足，特别是第①个假设，如果聚类模型要生成透明的 if-then 规则，那么意味着在提取样本相似性上无法对特征进行非线性的转换，因为一旦进行了非线性转换，因果关系就无法解释了。而如果样本特征不经过升维操作来判断相似性，是很难发现“肉眼无法发现”的规律的，这似乎就形成了一个悖论。而第②个假设在数据规模足够大的前提下，是可以被满足的。

因此可以看出，虽然要实现聚类的理想状态需要非常苛刻的前提条件，但是实际上即使模型无法产生特征与输出类别之间的透明关系，聚类依然有着重要的作用。例如，可以区分正常数据与异常值，以及可以对用户实行自然群组分类，我们并不需要知道是什么增加了组内样本间的黏性，但是知道它们在一定前提下具有相当程度的紧密度和相似性也足够完成数据分析了。

接下来，将通过两个常用聚类算法：K 均值和模糊 C 均值来说明在数据间产生聚类的基本思路。

10.2 K 均值(K-means)聚类算法

10.2.1 K 均值算法基本原理

K 均值算法把 N 个样本的特征向量 $s_i(i=1,2,\cdots,n)$ 分为 c 个组，设有 $G_j(j=1,2,\cdots,c)$，并求每组的聚类中心，使得非相似性(距离)指标的代价函数(或目标函数)值最小。当选择欧几里得聚类为组 j 中向量 $s_k(k=1,2,\cdots,|G_j|)$ 与相应聚类中心 c_j 间的相似性指标时，代价函数定义为

$$C=\sum_{j=1}^{c}C_j=\sum_{j=1}^{c}\left(\sum\nolimits_{k,\,s_k\in G_j}\left\|s_k-c_j\right\|^2\right) \tag{10-1}$$

其中，$C_j=\sum\nolimits_{k,\,s_k\in G_j}\left\|s_k-c_j\right\|^2$ 是组 j 内的代价函数，是组内所有点到中心点 c_j 的距离的平方和。

因此，很明显 C_j 依赖 G_j 的几何特性和 c_j 的位置，如果 G_j 里的样本分布比较紧密和均匀，那么中心点的位置就很明显，类别中其他点都会紧密围绕中心点，它们到中心点的距离会很近，到其他类的距离会比较远；而如果样本分布比较分散，那么中心点的位置也会被牵扯，导致该类中其他点到中心的距离与这些点到其他类的距离显示不出差距。

K 均值算法的过程是这样的：①选择 K 个点作为初始的 K 个类的中心 $c_1,c_2,\cdots,c_K$；②计算每个点分别到 K 个类的中心点 $c_1,c_2,\cdots,c_K$ 的欧几里得距离 $d_1,d_2,\cdots,d_K$，选择距离最小的中心点所在类为每个样本点的类别归属；③重新计算每个类的中心点，计算方式为类中每个样本在同一维度的平均值；④重复步骤②～③，直到 K 个类中样本不再发生变化，或者代价函数 $\left|C^{(n)}-C^{(n-1)}\right|<\varepsilon$，其中 $C^{(n)}$ 表示本轮计算出来的代价函数值，$C^{(n-1)}$ 表示上一轮计算出来的代价函数值，ε 表示预设的门限值。

10.2.2 利用 K 均值算法进行不插电聚类

假设现在有 12 个样本点，每个样本点有两个特征：x_0 和 x_1，样本点分布如图 10-1 所示，具体的特征取值如表 10-1 所示。设聚类的 K=3，选择 ID 为 1、6、12 的点为 3 个类的初始中心(图 10-1 中★号表示)，算出两轮迭代的代价函数值

$$C=\sum_{j=1}^{c}C_j=\sum_{j=1}^{c}\left(\sum\nolimits_{k,\,s_k\in G_j}\left\|s_k-c_j\right\|^2\right)$$

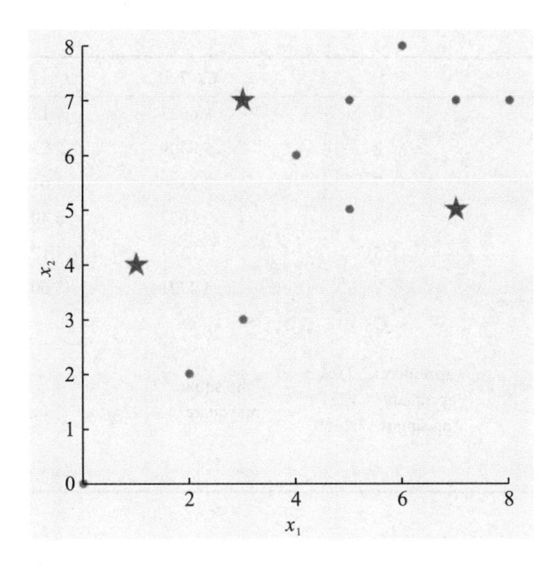

图 10-1　样本点的初始分布及初选中心

表 10-1　12 个样本点的特征取值

ID	x_0	x_1
1	7	5
2	5	7
3	7	7
4	3	3
5	4	6
6	1	4
7	0	0
8	2	2
9	8	7
10	6	8
11	5	5
12	3	7

第一轮聚类，每个样本点与选定类中心点的距离，以及根据距离判断的第一轮类别归属如表 10-2 所示。

表 10-2　第一轮聚类计算

ID	x_0	x_1	$C_1(7,5)$	$C_2(1,4)$	$C_3(3,7)$	类别
1	7	5	0	6.0827	4.4721	C_1
2	5	7	2.8284	5	2	C_3
3	7	7	2	6.7082	4	C_1
4	3	3	4.4721	2.2360	4	C_2
5	4	6	3.1622	3.6055	1.4142	C_3
6	1	4	6.0828	0	3.6055	C_2

续表

ID	x_0	x_1	$C_1(7,5)$	$C_2(1,4)$	$C_3(3,7)$	类别
7	0	0	8.6023	4.1231	7.6157	C_2
8	2	2	5.8309	2.2360	5.099	C_2
9	8	7	2.2360	7.6157	5	C_1
10	6	8	3.1622	6.4031	3.1622	C_1
11	5	5	2	4.1231	2.8284	C_1
12	3	7	4.4721	3.6055	0	C_3
	C_1	C_2	C_3		C	
代价函数值	0+np.square(2) + np.square(2.2360)+ np.square(3.1622)+ np.square(2)	np.square(2.236) + np.square(4.1231)+ np.square(2.2360)	np.square(2) + np.square(1.4142)		$C= C_1+C_2+C_3$	
	22.999	26.999	6		56	

重新计算 C_1 的中心为 $x_0=\frac{1}{5}\times(7+7+8+6+5)=6.6$，$x_1=\frac{1}{5}\times(5+7+7+8+5)=6.4$。

重新计算 C_2 的中心为 $x_0=\frac{1}{4}\times(3+1+0+2)=1.5$，$x_1=\frac{1}{4}\times(3+4+0+2)=2.25$。

重新计算 C_3 的中心为 $x_0=\frac{1}{3}\times(5+4+3)=4$，$x_1=\frac{1}{3}\times(7+6+7)=6.67$。

此时样本点的类别如图 10-2 所示，其中放大的“+”、“◆”和“▼”是三个类别当前的中心点。

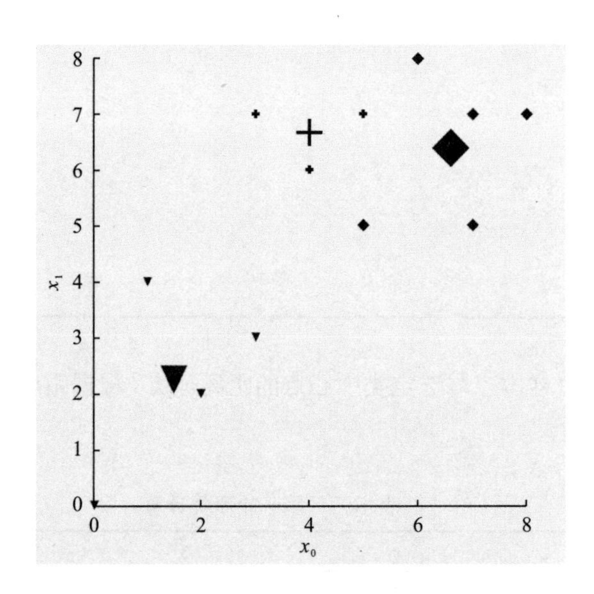

图 10-2 第一轮聚类的结果

第二轮聚类，重新计算每个样本点与当前类中心点的距离，以及根据距离判断的第二轮类别归属，如表 10-3 所示。可以看出，代价函数进一步缩小，说明聚类过程正在优化代价函数。

表 10-3 第二轮聚类计算

ID	x_0	x_1	C_1(6.6,6.4)	C_2(1.5,2.25)	C_3(4,6.67)	类别
1	7	5	1.456	6.15	3.43	C_1
2	5	7	1.7088	5.9	1.05	C_3
3	7	7	0.7211	7.27	3.02	C_1
4	3	3	4.9518	1.68	3.8	C_2
5	4	6	2.63	4.5	0.67	C_3
6	1	4	6.0926	1.82	4.02	C_2
7	0	0	9.19	2.7	7.78	C_2
8	2	2	6.36	0.559	5.1	C_2
9	8	7	1.52	8.1	4.01	C_1
10	6	8	1.71	7.3	2.4	C_1
11	5	5	2.13	4.45	1.95	C_3
12	3	7	3.65	4.98	1.05	C_3
	C_1	C_2	C_3		C	
代价函数值	np.square(1.45)+ np.square(0.7211)+ np.square(1.52)+ np.square(1.71)	np.square(1.68)+ np.square(1.82)+ np.square(2.7)+ np.square(0.559)	np.square(1.05)+ np.square(0.67)+ np.square(1.95)+ np.square(1.05)		$C_1+C_2+C_3$	
	7.86	13.74	6.46		28.1	

重新计算 C_1 的中心为 $x_0=\frac{1}{4}\times(7+7+8+6)=7$，$x_1=\frac{1}{4}\times(5+7+7+8)=6.75$

重新计算 C_2 的中心为 $x_0=\frac{1}{4}\times(3+1+0+2)=1.5$，$x_1=\frac{1}{4}\times(3+4+0+2)=2.25$

重新计算 C_3 的中心为 $x_0=\frac{1}{4}\times(5+4+3+5)=4.25$，$x_1=\frac{1}{4}\times(7+6+7+5)=6.25$

此时样本点的类别如图 10-3 所示，其中 C_1 类和 C_3 类的中心点位置发生了位移。

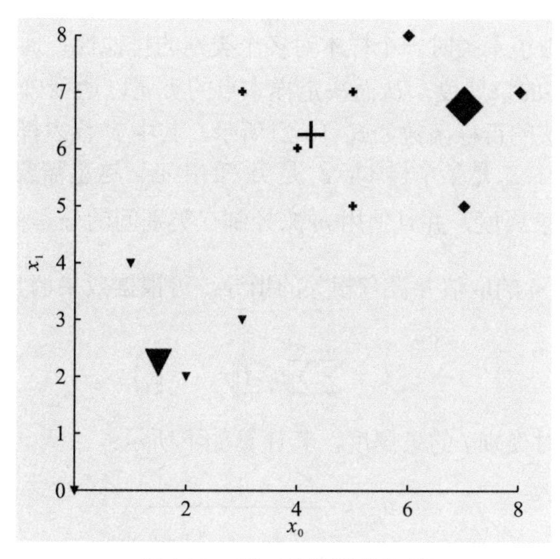

图 10-3 第二轮聚类的结果

10.2.3 *K* 值的选择

理论上来说，*K* 值的确定是完全随意的，初始情况下，并没有对 *K* 值选择的指导意见，但对不同 *K* 值的效果，总要给出一定的评价，因此在这里，常用的 *K* 值选择的方法，还是使用拐点法［又称为肘部法(elbow method)］。通过观测在一定迭代次数下，不同 *K* 值对代价函数的收敛效果来确定最优的 *K* 值。如图 10-4 所示，当 K=2 时，代价函数的收敛迎来拐点，而当 $K>2$ 以后，代价函数的收敛逐渐趋于平稳。因此，根据肘部法原理，此时 *K* 取 2 或 3 效果最佳。

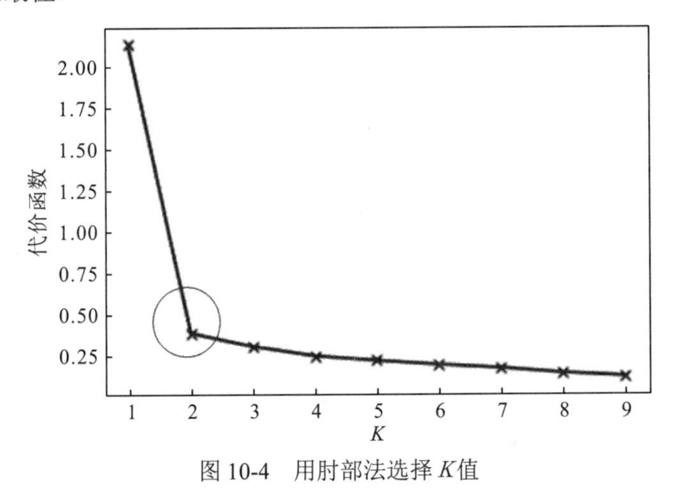

图 10-4　用肘部法选择 *K* 值

10.3　模糊 C 均值(FCM)聚类算法

FCM 聚类算法打破了聚类时一个样本对多个类别的排他性，通过优化目标函数得到每个样本点对所有类中心的隶属度，从而决定样本点的类属以达到自动对样本数据进行分类的目的。FCM 聚类算法的目标函数如式(10-2)所示，其中 N 代表样本集的数量，C 代表类别的数量，即有 C 个类，s_i 是某个样本，c_j 是类 j 的中心。这里需要特别说明的是 $u_{i,j}^m$，$u_{i,j}^m$ 代表样本 i 对类别 j 的隶属度，并且使用 m 来控制在类别间的分享程度，因此 $u_{i,j}^m$ 是一个带权系数，且 $\sum_{j=1}^{C} u_{i,j}=1$。m 的取值并没有相关的指导，可根据效果调整，一般取 1、2 或 3。

$$C=\sum_{i=1}^{N}\sum_{j=1}^{C}u_{i,j}^{m}\left(\left\|s_i-c_j\right\|^2\right) \tag{10-2}$$

其中，$u_{i,j}$ 代表样本 i 对类别 j 的隶属度，其计算如下所示：

$$u_{i,j}=\frac{1}{\sum_{k=1}^{c}\left(\frac{\left\|s_i-c_j\right\|}{\left\|s_i-c_k\right\|}\right)^{\frac{2}{m-1}}} \tag{10-3}$$

而 c_j 为

$$c_j = \frac{\sum_{i=1}^{N}(u_{i,j}^m s_i)}{\sum_{i=1}^{N} u_{i,j}^m} \tag{10-4}$$

FCM 聚类算法的基本步骤如下：

①选择类别的数目 C，设定 m，初始化由隶属度函数确定的矩阵 $\boldsymbol{U}^0$($\boldsymbol{U}^0$ 是由 $u_{i,j}$ 初始值组成的 $N \times C$ 的矩阵，$u_{i,j}$ 可以使用[0,1]随机值)；

②计算聚类的中心值 c_j；

③计算新的隶属度矩阵 $\boldsymbol{U}^t$；

④比较 $\boldsymbol{U}^t$ 和 $\boldsymbol{U}^{t+1}$，如果 $\max_{ij}\left\{\left|u_{ij}^{(t+1)} - u_{ij}^{(t)}\right|\right\} < \varepsilon$，那么停止算法，否则继续执行步骤②。

FCM 聚类算法中，$\max_{ij}\left\{\left|u_{ij}^{(t+1)} - u_{ij}^{(t)}\right|\right\} < \varepsilon$ 是结束条件，表示样本 i 在类别 j 的隶属度不再发生显著的变化(小于一个极小值 ε)。

以表 10-1 的 12 个样本点的特征取值为例，假设现在有类别数 C=3，m=1.7(有学者建议[1.5,2.5]比较好)，然后随机生成一个 12×3 的 $\boldsymbol{U}^0$ 初始矩阵：

$$\begin{bmatrix} 0.31714782 & 0.43297559 & 0.24987659 \\ 0.29736618 & 0.46594543 & 0.2366884 \\ 0.31149858 & 0.43551831 & 0.25298311 \\ 0.26176203 & 0.56592601 & 0.17231196 \\ 0.28592102 & 0.49415858 & 0.2199204 \\ 0.20992775 & 0.64295651 & 0.14711573 \\ 0.14041159 & 0.8205249 & 0.03906351 \\ 0.21364815 & 0.66373618 & 0.12261566 \\ 0.31681796 & 0.4228646 & 0.26031745 \\ 0.30489611 & 0.44584542 & 0.24925847 \\ 0.29819709 & 0.4760362 & 0.2257667 \\ 0.27970535 & 0.49945538 & 0.22083927 \end{bmatrix}$$

此时计算每个类的初始中心点为：

c_0=[0.05598368899437971，−1.1623826558753203]；

c_1=[−0.08165807916810648，0.6220146827354381]；

c_2=[−0.5019213691085057，−1.7505199757238068]。

更新隶属度矩阵为 $\boldsymbol{U}^1$：

$$\begin{bmatrix} 0.40660173 & 0.09272752 & 0.50067075 \\ 0.30718352 & 0.02558156 & 0.66723492 \\ 0.33926694 & 0.06027793 & 0.60045514 \\ 0.06532975 & 0.88982303 & 0.04484723 \\ 0.59980959 & 0.09611352 & 0.30407689 \\ 0.14677305 & 0.74173182 & 0.11149512 \\ 0.23041295 & 0.575584 & 0.19400305 \\ 0.14621343 & 0.74216951 & 0.11161706 \\ 0.36638326 & 0.09661147 & 0.53700527 \\ 0.3447377 & 0.06695679 & 0.58830552 \\ 0.73565629 & 0.04773596 & 0.21660775 \\ 0.40266806 & 0.24476621 & 0.35256573 \end{bmatrix}$$

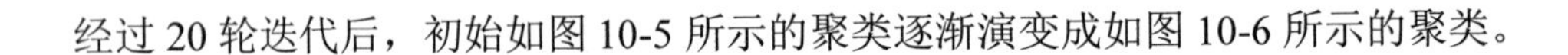

经过 20 轮迭代后，初始如图 10-5 所示的聚类逐渐演变成如图 10-6 所示的聚类。

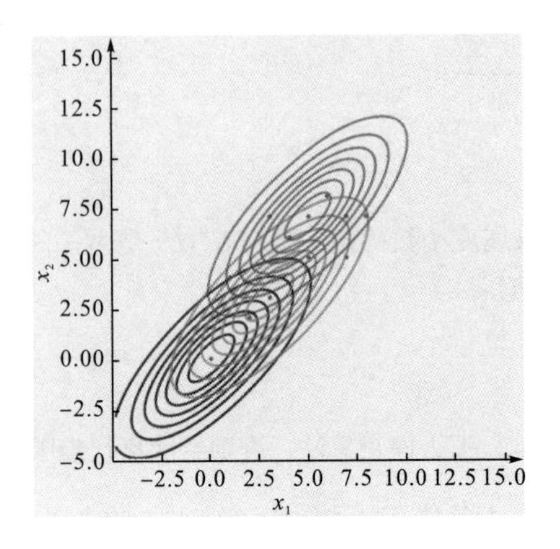

图 10-5　初始聚类

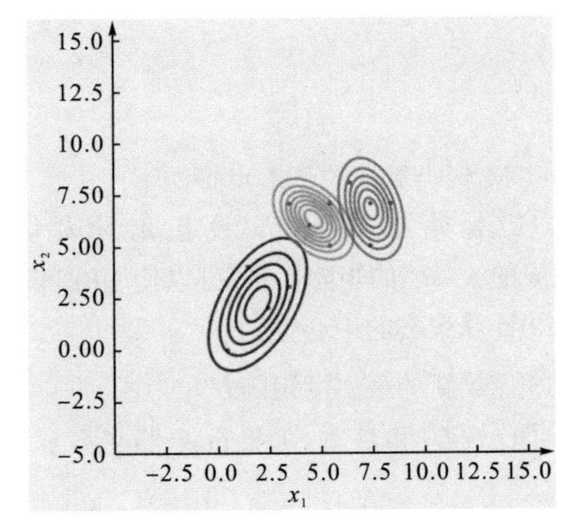

图 10-6　最终聚类

10.4 轮 廓 系 数

轮廓系数(silhouette coefficient)是用来评价聚类效果的一种评价方式。最早由 Rousseeuw 在 1986 年提出。它结合内聚度和分离度两种因素。可以用来在相同原始数据的基础上评价不同算法，或者评价算法不同运行方式对聚类结果所产生的影响。轮廓系数的计算公式如下：

$$s(i)=\frac{b(i)-a(i)}{\max[a(i),\ b(i)]} \tag{10-5}$$

其中，$a(i)$表示样本 i 与其所在类内与其他样本的平均距离；$b(i)$表示这个样本与其他族的平均距离的最小值。

因此，轮廓系数取值范围为[-1,1]，取值越接近 1 则说明聚类性能越好，相反，取值越接近-1 则说明聚类性能越差。假如现在有样本 i(体型较大的菱形)，它隶属于类 $C1$，目前还有其他类 $C2$ 与 $C3$，而经过排序筛查，发现样本 i 与 $C2$ 类中的样本的平均距离最短，因此可得到如图 10-7 所示的 $b(i)$。根据 $b(i)$与 $a(i)$的大小比较，$s(i)$的取值可以分为以下三种情况：

①如果 $a(i)<b(i)$，如图 10-7(a)所示，此时 $s(i)=\frac{b(i)-a(i)}{b(i)}$，如果类 $C1$ 内部的样本相似度很高，那么此时 $a(i)\to 0$，$s(i)\to 1$；

②如果 $a(i)=b(i)$，如图 10-7(b)所示，此时 $s(i)=0$；

③如果 $a(i)>b(i)$，如图 10-7(c)所示，此时 $s(i)<0$，并且，如果样本 i 与 $C2$ 中样本的距离足够小，那么 $b(i)\to 0$，此时 $s(i)\to\frac{-a(i)}{a(i)}$，也就是说 $s(i)\to -1$。

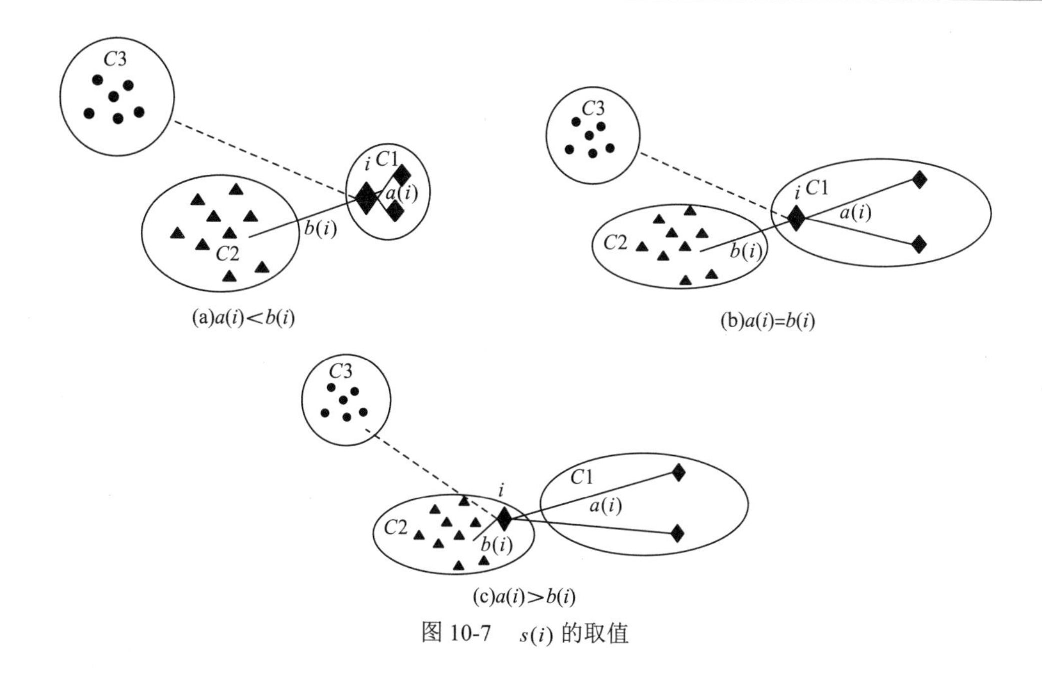

(a)$a(i)<b(i)$　　(b)$a(i)=b(i)$

(c)$a(i)>b(i)$

图 10-7　$s(i)$ 的取值

这也就是为什么说 $s(i)$ 取值越接近 1 说明聚类性能越好，相反，取值越接近−1 则说明聚类性能越差的原因，因为如果 $s(i)$ 越接近 1，说明不同类的内聚效果好，类别与类别之间的边界清晰，而如果 $s(i)$ 越接近于−1，则说明该样本根本归错了类别，如果 $s(i)$ 取值为 0，则说明样本点 i 在两个类别的边界线上。类别与类别之间的划分不够清晰。

10.5　使用 sklearn 的 K 均值算法对数据进行聚类

还是使用表 10-1 所示的 12 个样本为例，将这 12 个样本写入 csv 文件中，如图 10-8 所示，使用 sklearn 的 KMeans 工具包，对这些样本进行 2 类和 3 类的聚类，聚类结果如图 10-9 所示，隶属不同类的样本会用不同颜色标记出来。

X0	X1	Label
7	5	0
5	7	0
7	7	0
3	3	1
4	6	0
1	4	1
0	0	2
2	2	1
8	7	0
6	8	0
5	5	0
3	7	0

图 10-8　data.csv 文件中存储的样本

```
from numpy import unique
from numpy import where
import pandas as pd
import numpy as np
from sklearn.cluster import KMeans
import matplotlib.pyplot as plt

data_read = pd.read_csv("\\data.csv")
l = data_read.values.tolist()
df=np.array(l)
X= df[: , 0: 2]
Y=df[: , -1]
X=pd.DataFrame(X)

for k in range(2, 4):
    model=KMeans(n_clusters=k)
    model.fit(X)
    y = model.predict(X)
    #为每个样本找到对应的类
    clusters = unique(y)
    # 将不同类别的样本用不同颜色绘制出来
    for cluster in clusters:
    # 获取某个类别中样本的 id 索引
      row_ix = where(y == cluster)
      pos=row_ix[0]
      plt.scatter(X.iloc[pos, 0], X.iloc[pos, 1])
    plt.xlabel('X1', fontsize=16)
    plt.ylabel('X2', fontsize=16)
    plt.title('%0.0f-Clusters' % k, fontsize=22)
    plt.show()
```

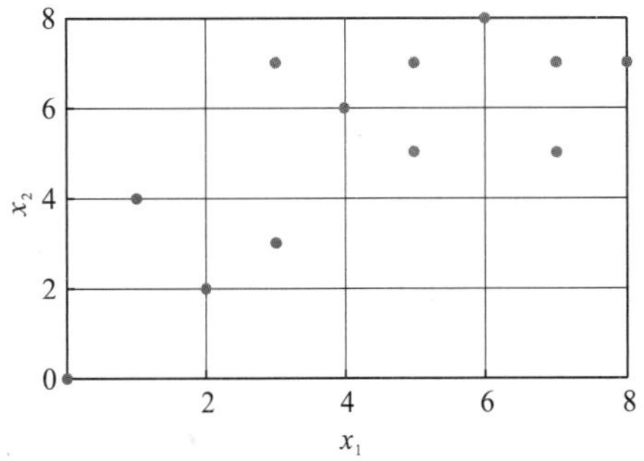

(a)K=2聚类效果

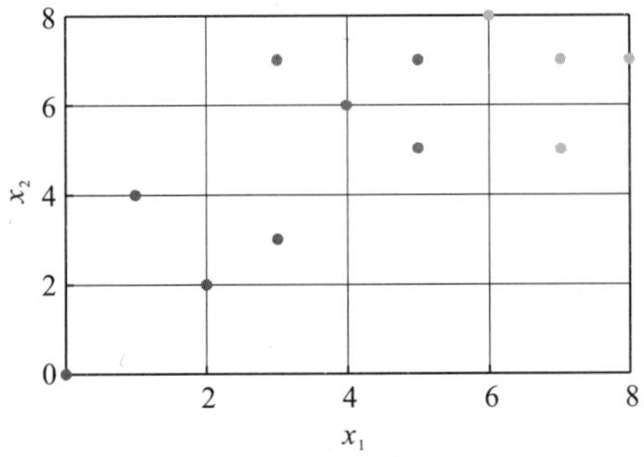

(b)K=3聚类效果

图 10-9 K=2 聚类和 K=3 聚类效果

10.6　聚类模型与计算思维

聚类模型试图在样本群里通过发现样本的群体性和相似性特征而将这些样本实现内聚。它的核心思想是通过最小化同类样本间的差异性，最大化不同类别样本间的差异性来实现聚类。实际上，聚类效果越好，类别内部的黏性越高，类别之间的割裂会越大。当类别间的割裂大到一定程度的时候，就会出现信息孤岛的问题。

当聚类被用在商业行为里时，聚类的这种负面作用尤其明显，平台为了增加群体用户的黏性，通常会在某个群体用户间投放可激发内部联系的事件，以增加群体内的话题度与参与度，从而达到增强群体间共鸣和联系的目的。当类别边界足够清晰的时候，同类别内用户的反馈甚至不会出现差异性，也就意味着不会有别的观点和意见产生。这带来的后果是长期的，某个类别中群体用户的思维会陷入僵化和极端，会丧失独立思考的能力，也不再会用辩证的思维看待问题。

这种现象被称为聚类效应，是人为地制造了“盲人摸象”的环境，在只能通过局部信息的前提下让用户构建一个完整的世界。然而更可怕的是这种聚类效应，在缺乏计算思维的前提下根本无法察觉。为了突破这种人为制造的信息茧房，了解聚类算法的原理是非常有必要的。用户可以通过观察各种平台的推荐来判断自己是否已经被归属于某个群体。例如，当发生了某个热点事件时，可观察平台推荐信息的全面性、客观性以及实时性，若在这三个方面都不甚如意，那么说明当前你已陷入某个内聚度较大的类别群体中，这时需警惕自己是否已经被笼罩在聚类效应的作用下。当然，突破这种聚类效应的方法也很简单，你只需要主动检索、搜索和使用一些你并不太关心的话题和内容，并持续一段时间，你的类别隶属度会被重新计算。那应该如何判断自己是否已经突破了聚类效应呢？答案是只需要观察平台推送内容是否有一半以上是自己不感兴趣或与自己观点不太吻合的内容即可，此时，用户的轮廓系数接近-1，即处于不同类别的边界处。

课后练习

使用 sklearn 自带的鸢尾花数据集 load_iris，通过 K 均值算法对其进行聚类，写出代码，并画出数据集样本中花瓣的聚类图，以花瓣长度(petal length)为 x 轴，花瓣宽度(petal width)为 y 轴。

第 11 章　主成分分析(PCA)降维

主成分分析(PCA)方法，是一种使用最广泛的数据降维算法。PCA 的主要思想是将 n 维特征映射到 k 维上(通常 $n \gg k$)，这 k 维是全新的正交特征，也被称为主成分，这 k 维的特征可以被认为是影响数据分类的主要影响因素，因此 PCA 降维主要起揭示事物的本质、简化复杂问题的作用。PCA 还可以实现对高维数据进行探索和可视化的目的。

11.1　PCA 的基本思想

PCA 的基本思想是通过对不同维度特征数值的相关性分析，找出最具有代表性的特征维度，而对相关性较高的特征维度则进行压缩，最终实现特征维度的有效降维。以表 11-1 所示的数据为例，可以看出数据集中的 12 个样本主要分布在两个平面上：x_3=1 和 x_3=3，如图 11-1 所示；它们在 x_1 和 x_2 上的差异远远大于它们在 x_3 上的差异，因为数据在维度 x_1 上的方差是 6.39，在维度 x_2 上的方差是 5.9，在维度 x_3 上的方差只有 1.06。可以看出，数据集在 3 个维度上的波动程度是不同的，其中在维度 x_3 上的波动最小。那么如果从 x_1、x_2 和 x_3 三个特征维度中选择合并一个维度来实现降维，那么从直觉上会选择合并维度 x_3。因为它们在维度 x_1 和维度 x_2 上的差异就能够反映出它们的主要区别，如图 11-2 所示。

表 11-1　示例样本

ID	x_1	x_2	x_3
0	7	5	3
1	5	7	3
2	7	7	3
3	3	3	3
4	4	6	3
5	1	4	1
6	0	0	1
7	2	2	1
8	8	7	1
9	6	8	1
10	5	5	1
11	3	7	1
方差	6.39	5.90	1.06

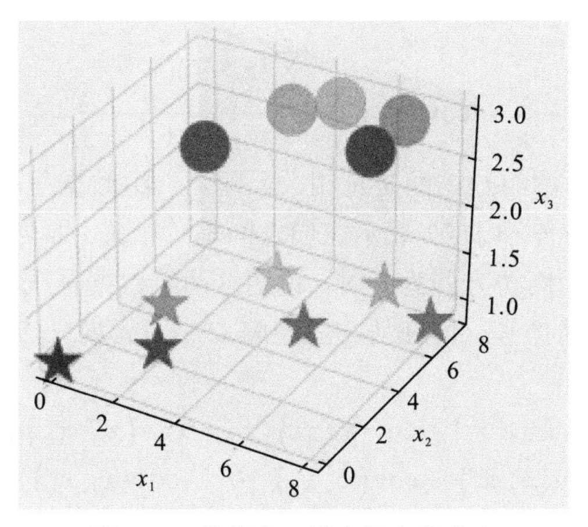

图 11-1　数据在三维空间中的分布

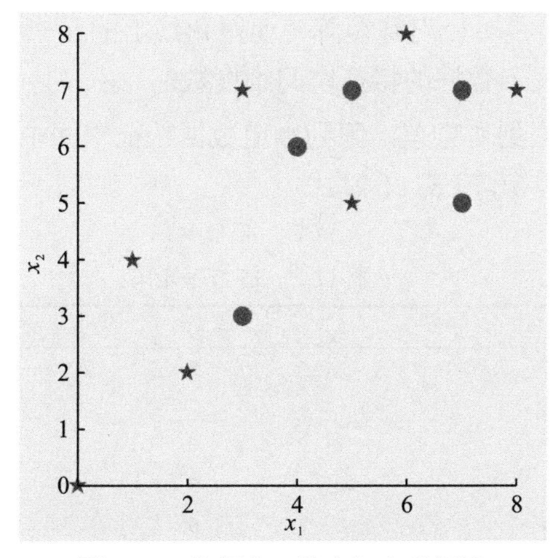

图 11-2　数据在二维空间中的投影

那么如何实现从多个维度中选择最具有代表性的维度，又如何决定哪些维度最适合合并呢？要达到这个目的，PCA 首先需要计算数据在不同维度上是否具有相似性，这可以通过使用协方差矩阵实现。

11.2　协方差矩阵

在第 3 章，使用普通最小二乘(OLS)算法来求解简单线性回归模型的参数时，就提到过使用差公式(3-2)和协方差公式(3-3)。方差针对的是某组数据本身，而协方差针对的是两组数据：

$$\mathrm{var}(X)=\frac{\sum_{i=1}^{n}(x_i-\overline{x})^2}{n-1} \tag{11-1}$$

$$\mathrm{cov}(X, Y)=\frac{\sum_{i=1}^{n}(x_i-\overline{x})(y_i-\overline{y})}{n-1} \tag{11-2}$$

协方差大于 0，表示两组数据间是正相关，即当一组数据呈增大趋势时，另一组数据也呈增大趋势；如果协方差小于 0，表示它们之间是负相关，即当一组数据呈增大趋势时，另一组数据呈减小趋势。而协方差为 0 时，说明这两组数据是线性不相关的。协方差矩阵就是两两维度间数据的协方差，即在协方差矩阵 $\boldsymbol{C}$ 中，元素 (i,j) 表示第 i 维数据和第 j 维数据之间的协方差：

$$\boldsymbol{C}=\begin{bmatrix} \mathrm{cov}(x_1, x_1) & \mathrm{cov}(x_1,x_2) & \dots & \mathrm{cov}(x_1, x_m) \\ \mathrm{cov}(x_2,x_1) & \mathrm{cov}(x_2,x_2) & \cdots & \mathrm{cov}(x_2,x_m) \\ \dots & \dots & & \dots \\ \mathrm{cov}(x_m, x_1) & \mathrm{cov}(x_m,x_2) & \dots & \mathrm{cov}(x_m, x_m) \end{bmatrix} \tag{11-3}$$

很明显协方差矩阵 $\boldsymbol{C}$ 是一个对称矩阵，而对角线上的元素 $\mathrm{cov}(x_i, x_i)$ 就是第 i 维数据的方差 $\mathrm{var}(x_i)$，而 m 则表示数据的特征空间维度数。

计算表 11-1 所示数据的协方差，因为知道数据特征空间中有 3 个特征维度，因此需要产生一个 3×3 的协方差矩阵(表 11-2)。

表 11-2 协方差矩阵

ID	x_1	x_2	x_3
0	7	5	3
1	5	7	3
2	7	7	3
3	3	3	3
4	4	6	3
5	1	4	1
6	0	0	1
7	2	2	1
8	8	7	1
9	6	8	1
10	5	5	1
11	3	7	1
平均	4.25	5.08	1.83
方差	6.39	5.9	1.06
协方差矩阵	$\mathrm{cov}(x_1,x_1)$	$\mathrm{cov}(x_1,x_2)$	$\mathrm{cov}(x_1,x_3)$
$\mathrm{cov}(x_1,x_1)$	$\frac{\sum_{i=0}^{11}(x_{1i}-4.25)(x_{1i}-4.25)}{11}=6.39$	$\frac{\sum_{i=0}^{11}(x_{1i}-4.25)(x_{2i}-5.08)}{11}=4.61$	$\frac{\sum_{i=0}^{11}(x_{1i}-4.25)(x_{3i}-1.83)}{11}=0.86$
$\mathrm{cov}(x_2,x_1)$	4.61	$\frac{\sum_{i=0}^{11}(x_{2i}-5.08)(x_{2i}-5.08)}{11}=5.9$	$\frac{\sum_{i=0}^{11}(x_{2i}-5.08)(x_{3i}-1.83)}{11}=0.47$
$\mathrm{cov}(x_3,x_1)$	0.86	0.47	$\frac{\sum_{i=0}^{11}(x_{3i}-1.83)(x_{3i}-1.83)}{11}=1.06$

代码如下[①]

```
import numpy as np
import pandas as pd

data_read = pd.read_csv("data.csv")
l = data_read.values.tolist()
A=np.array(l)
A=np.transpose(A)
print(np.cov(A))
```

验证结果如下：

$$\begin{bmatrix} 6.38636364 & 4.61363636 & 0.86363636 \\ 4.61363636 & 5.90151515 & 0.46969697 \\ 0.86363636 & 0.46969697 & 1.06060606 \end{bmatrix}$$

实际上协方差矩阵 $\boldsymbol{C}$ 还可以用去中心化的方式通过矩阵运算求得，即直接使用 $x_i \leftarrow x_i - \overline{x}_i$，这样每个维度上的数据均值就为 0，数据值本身就是$(x_i - \overline{x}_i)$，那么协方差矩阵的每个元素(i, j)就变成：

$$C_{ij} = \frac{\sum_{i=1}^{n}(x_i - \overline{x}_i)(y_i - \overline{y}_i)}{n-1} = \frac{\sum_{i=1}^{n} x_i y_i}{n-1} \tag{11-4}$$

如果数据集用去中心化数据 $x_i' = (x_i - \overline{x}_i)$ 来表示，即数据集 $\boldsymbol{X}$ 是一个 $m \times n$ 的矩阵，其中 m 代表特征的维度，而 n 代表样本的个数，$\boldsymbol{X}$ 去中心化后变为 $\boldsymbol{X}' = [x_1', x_2', \cdots, x_m']$，那么协方差可以用矩阵运算求得

$$\boldsymbol{C} = \frac{1}{n-1}(\boldsymbol{X}')^{\mathrm{T}}(\boldsymbol{X}') \tag{11-5}$$

11.3　PCA 算法的实现

这里介绍使用特征值分解协方差矩阵 $\boldsymbol{C}$ 的 PCA 算法，其主要思想是通过将协方差矩阵中差异最大的 k 个特征从 m 维特征里挑选出来，然后重新将特征映射到新的 k 维空间中，具体算法如下。

(1) 对有 n 个样本 m 维特征的数据集 $\boldsymbol{X} = [x_1, x_2, \cdots, x_m]$ 做去中心化处理，处理方式如 11.2 节所述，变为 $\boldsymbol{X}'$。

① 这里使用的 data.csv 与第 9 章中使用的文件相同，具体文件结构见第 9 章。

(2) 求协方差矩阵 $\boldsymbol{C}$，$\boldsymbol{C}=\frac{1}{n}(\boldsymbol{X}')^{\mathrm{T}}(\boldsymbol{X}')$，这里为了计算方便，将 $n-1$ 变为 n，并不影响结果。

(3) 求协方差矩阵 $\boldsymbol{C}$ 的特征值和特征向量。

(4) 对特征值进行非递增排序，选择前 k 个，然后将对应的 k 个特征向量的转置分别作为行向量组成特征向量矩阵 $\boldsymbol{P}$。

(5) 将数据集从 m 维空间映射到 k 维，即生成新数据集 $\boldsymbol{Y}=\boldsymbol{P}\boldsymbol{X}$。

获得数据集不同特征维度间的线性相关信息只是降维的第一个步骤，接下来还需要求得协方差矩阵 $\boldsymbol{C}$ 的特征值和特征向量。因为协方差矩阵是一个对称方阵，在线性代数上，实对称矩阵有一系列非常好的性质：①实对称矩阵不同特征值对应的特征向量必然正交；②设特征向量 λ 重数为 m，则必然存在 m 个线性无关的特征向量对应于 λ，因此可以将这 m 个特征向量单位正交化。

上面这两个性质意味着可以实现协方差矩阵的对角化，即除了对角线上的元素(本维度上的方差)，其他元素均为 0(即不同维度之间的协方差为 0，两者线性不相关)，这就达到了之前 PCA 降维的根本目的，将原本 m 维的数据尽可能地映射在 k 维个不相关的维度上，将数据特征间的差异充分地暴露出来。

11.4 PCA 降维算法的一个实例

数据集如表 11-1 所示，将其使用 PCA 算法降维到 2 维。

(1) 首先将数据集

$$\boldsymbol{X}=\begin{bmatrix}7,5,7,3,4,1,0,2,8,6,5,3\\5,7,7,3,6,4,0,2,7,8,5,7\\3,3,3,3,3,1,1,1,1,1,1,1\end{bmatrix}$$

进行去中心化处理，使其变为

$$\boldsymbol{X}=\begin{bmatrix}2.75, & 0.75, & 2.75, & -1.25, & -0.25, & -3.25, & -4.25, & -2.25, & 3.75, & 1.75, & 0.75, & -1.25\\-0.08, & 1.91, & 1.91, & -2.08, & 0.91, & -1.08, & -5.08, & -3.08, & 1.91, & 2.91, & -0.08, & 1.91\\1.16, & 1.16, & 1.16, & 1.16, & 1.16, & -0.83, & -0.83, & -0.83, & -0.83, & -0.83, & -0.83, & -0.83\end{bmatrix}$$

上述步骤可使用代码如下。

```
# 去中心化矩阵
M=X.mean(axis=1)
X0=X[0， : ]-M[0]
X1=X[1， : ]-M[1]
X2=X[2， : ]-M[2]
X=np.vstack((X0， X1， X2))
#
```

(2) 求协方差矩阵 $\boldsymbol{C}$，这里 $\boldsymbol{C}=\frac{1}{n}\boldsymbol{X}\boldsymbol{X}^{\mathrm{T}}$，$n=12$：

$$C=\begin{bmatrix}5.85416667, & 4.22916667, & 0.79166667\\ 4.22916667, & 5.40972222, & 0.43055556\\ 0.79166667, & 0.43055556, & 0.97222222\end{bmatrix}$$

可使用代码如下。

```
#计算协方差矩阵 C
C=(1/12)*(np.dot(np.mat(X), np.mat(np.transpose(X))))
#
```

(3)求协方差矩阵的特征值与特征向量。根据实对称矩阵的性质得知协方差矩阵 $\boldsymbol{C}$ 一定可以找到 3 个单位正交特征向量 $\boldsymbol{e}_1$、$\boldsymbol{e}_2$、$\boldsymbol{e}_3$，将其按列组成矩阵，$\boldsymbol{E}=[\boldsymbol{e}_1,\boldsymbol{e}_2,\boldsymbol{e}_3]$，那么对协方差矩阵 $\boldsymbol{C}$ 来说有

$$\boldsymbol{E}^{\mathrm{T}}\boldsymbol{C}\boldsymbol{E}=\boldsymbol{\Lambda}=\begin{bmatrix}\lambda_1 & 0 & 0\\ 0 & \lambda_2 & 0\\ 0 & 0 & \lambda_3\end{bmatrix} \tag{11-6}$$

其中，$\boldsymbol{\Lambda}$ 为对角矩阵，其对角元素为各特征向量对应的特征值。

求得特征向量矩阵 $\boldsymbol{E}$ 和特征值 λ 值为

$$\boldsymbol{E}=\begin{bmatrix}-0.72383531 & -0.61493442 & -0.31291869\\ -0.68318032 & 0.70224391 & 0.20029513\\ -0.09657688 & -0.35876058 & 0.92842003\end{bmatrix}$$

$$\lambda_1=9.95,\quad \lambda_2=4.49,\quad \lambda_3=0.8$$

求解协方差矩阵 $\boldsymbol{C}$ 的特征值和特征向量可使用代码如下。

```
#求协方差矩阵的特征值和特征向量
v=np.linalg.eig(C)
lamda=v[0]
E=v[1]
#
```

为了验证求得的特征矩阵，可使用代码如下。

```
#验证特征矩阵，计算 E^T CE
np.dot(np.dot(np.mat(np.transpose(E)), np.mat(C)), np.mat(E))
#
```

得到结果：

$$\begin{bmatrix}9.95142485\mathrm{e}+00 & -1.12002700\mathrm{e}-16 & -2.33200312\mathrm{e}-16\\ 3.38797327\mathrm{e}-16 & 1.48640375\mathrm{e}+00 & 8.00663389\mathrm{e}-16\\ -3.18511514\mathrm{e}-16 & 8.67015574\mathrm{e}-16 & 7.98282503\mathrm{e}-01\end{bmatrix}$$

保留小数点后两位，可得

$$\begin{bmatrix} 9.95, & 0.00, & 0.00 \\ 0.00, & 1.49, & 0.00 \\ 0.00, & 0.00, & 0.98 \end{bmatrix}$$

(4) 从特征值的排序可看出，前两个特征值应该是 λ_1 和 λ_2，那么选择特征向量 $\boldsymbol{e}_1$ 和 $\boldsymbol{e}_2$ 的转置构建新的矩阵 $\boldsymbol{P}$，$\boldsymbol{P}=[\boldsymbol{e}_1, \boldsymbol{e}_2]^{\mathrm{T}}$：

$$\boldsymbol{P}=\begin{bmatrix} -0.72383531 & -0.68318032 & -0.09657688 \\ -0.61493442 & 0.70224391 & -0.35876058 \end{bmatrix}$$

$\boldsymbol{P}$ 矩阵又被称为基，可通过下述代码实现。

```
#生成基 P
P=np.vstack((E[: , 0], E[: , 1]))
#
```

(5) 计算数据集降为二维后的结果：

$\boldsymbol{Y}=\boldsymbol{PX}$

=[[−2.04，−1.96，−3.41，2.21，−0.55，3.17，6.62，3.81，−3.94，−3.17，−0.40，−0.32]，[−2.16，0.46，−0.76，−1.11，0.37，1.53，−0.65，−0.48，−0.66，1.27，−0.22，2.41]]

降维后的数据集 $\boldsymbol{Y}$ 可以通过下述代码生成。

```
#将数据集 X 映射到只有二维的数据集 Y 上
Y=np.dot(np.mat(P), X)
#
```

11.5 调用 sklearn 的 PCA 模型来验证上述算法

代码如下。

```
import numpy as np
import pandas as pd
from sklearn.decomposition import PCA

#用 cov 求协方差矩阵
data_read = pd.read_csv("data.csv")
l = data_read.values.tolist()
X=np.array(l)

model=PCA(n_components=2)
Y=model.fit_transform(X)
print(np.transpose(Y))
```

代码结果如下所示：

$$\begin{bmatrix} -2.04628843 & -1.96497846 & -3.41264907 & 2.21541345 & -0.55796283 & 3.1730575 \\ 6.6296141 & 3.81558284 & -3.94333062 & -3.17884033 & -0.40546405 & -0.32415408 \\ -2.16814398 & 0.46621267 & -0.76365616 & -1.11289413 & 0.37890318 & 1.53673977 \\ -0.65730145 & -0.48268247 & -0.66106942 & 1.27104332 & -0.22075399 & 2.41360267 \end{bmatrix}$$

接着利用绘图功能来看看进行了降维后的数据集与单纯去掉第 3 个维度的数据相比有什么样的特点。

```
#绘制 PCA 降维后样本的散点图
plt.style.use('fivethirtyeight')
plt.figure(figsize=(10, 10))
plt.scatter(Y[0: 5, 0], Y[0: 5, 1], s=500, marker='o')
plt.scatter(Y[5: 12, 0], Y[5: 12, 1], s=500, marker='*')
plt.axis('equal')
plt.xlabel('X1', fontsize=16)
plt.ylabel('X2', fontsize=16)
plt.title('PCA dimensional reducing', fontsize=22)
plt.grid()
plt.show()
#
```

从图 11-3 中可以很明显发现，如果只是单纯地去掉差异程度不太大的维度进行投影，在低维空间里，第三个维度上数据的特征会被完全丢失，而在剩余的二维空间里，数据呈现“你中有我，我中有你”的状态，如图 11-3(a)所示。但是如果通过 PCA 降维，目前的二维数据是融入了第三维特征信息的。图 11-3(b)中数据分布的可分性明显好于图 11-3(a)，这说明第三个维度上特征的信息传递给了保留的两个维度，这正是理想的降维状态。

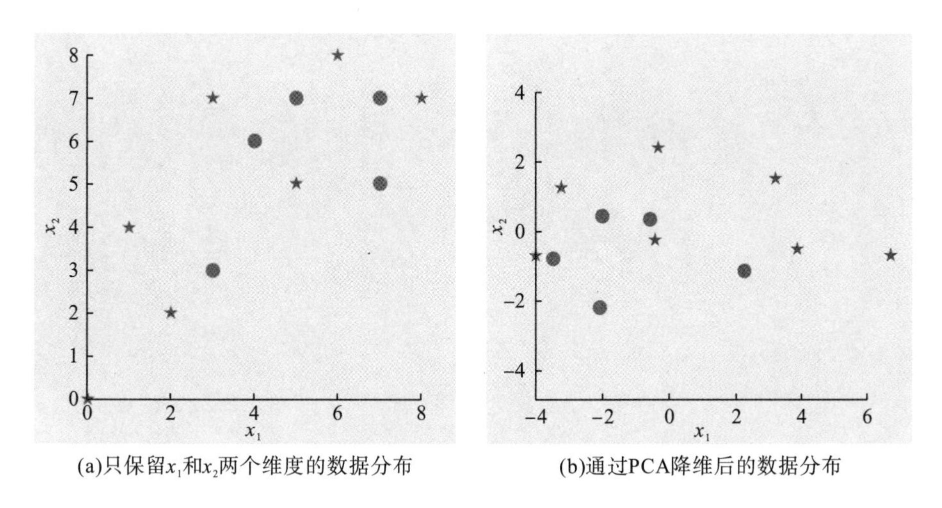

(a)只保留x_1和x_2两个维度的数据分布　　(b)通过PCA降维后的数据分布

图 11-3　直接去掉维度 x_3 和通过 PCA 降维后的数据分布对比

11.6 PCA 降维的计算思维

PCA 降维利用了线性代数中矩阵的性质，通过计算不同特征维度间数据的协方差来判断不同维度间的线性相关度，这个技巧其实还被广泛运用在问卷题目的相关性筛查上。例如有题目 $\boldsymbol{A}$ 和题目 $\boldsymbol{B}$，被试 i 的回答是 a_i 和 b_i，如果协方差值 $\mathrm{cov}(\boldsymbol{A},\boldsymbol{B}) \gg 0$，那么说明这两道题的相关性非常高，对用户的检测是在相同方面的，这时可以考虑去掉其中一题。

PCA 的第二个数学技巧在于使用了“基”的概念，即通过将原始数据集与“基”相乘，将其映射在另一组空间中。这里的基就是从协方差矩阵的特征向量中挑选出来的特征值最大的分量，因为协方差矩阵的特征向量矩阵可以将协方差矩阵变为一个对角矩阵 $\boldsymbol{\Lambda}$，以实现维度与维度之间都是正交的($\mathrm{cov}(A,B)=0$)，所以用它的 k 个分量组成一个坐标系基，再乘以原始数据集，就可以将原来的 m 维特征变换为 k 维特征。

PCA 模型中，几乎都是纯粹的“计算”，并没有过多地涉及思维。可以看到在演示一个 PCA 降维实例的时候，完成功能的代码中并未涉及其他模型中常用的迭代优化思维，相反，整个过程只是运算。

课后练习

用 PCA 模型对 sklearn 自带的 load_iris()鸢尾花数据集进行降维操作，写出其协方差矩阵 $\boldsymbol{C}$、$\boldsymbol{C}$ 的特征矩阵和特征向量，以及坐标系基 $\boldsymbol{P}$ 矩阵，并画出 components=2 时的数据散点图。

部分课后习题答案

第 3 章　课后练习答案

1. 已知有小学 3 年级学生的期末语文成绩、拓展阅读数量、课后作业平均成绩数据如下：

序号	姓名	期末语文成绩/分	拓展阅读数量/本	课后作业平均成绩/分
1	张小云	95	4	9.5
2	李瑞涵	94	7	9.3
3	王墨林	90	2	8.5
4	赵佳怡	92	4	8.8
5	杨君白	?	5	9.1
6	王依然	?	3	7.6

(1) 构建一个用于预测学习者期末语文成绩的简单线性回归模型，并预测出杨君白和王依然的期末成绩。要求：

①确定 $\boldsymbol{X}$、$\boldsymbol{y}$;

②计算 α 和 β；

③预测杨君白和王依然的期末语文成绩；

④如果杨君白的真实成绩是 91 分，王依然的真实成绩是 93 分，请算出模型在测试集上的得分 (R^2)。

(2) 构建一个关于语文期末成绩的多元线性回归模型，通过矩阵运算算出模型系数。

(1) 答案如下。

①$\boldsymbol{X}$ 是课后作业平时成绩，$\boldsymbol{y}$ 是期末成绩；

②设 $\boldsymbol{y}=\alpha+\beta\boldsymbol{X}$。

```
X_train=[9.5 9.3 8.5 8.8]
Y_train=[95 94 90 92]
X_test=[9.1 7.6]
Y_test=[91 93]

Var(X)=0.2092
Cov(X, Y)=1.0083
```

```
β=4.8198
α =49.2513
predict(Y_test)=[93.115 85.88]
SS_tot=2
SS_res=55.14
R2=1-(55.14/2)=-26.57
```

源代码(task1)：

```
import numpy as np
from sklearn.linear_model import LinearRegression

X_train = np.array([9.5, 9.3, 8.5, 8.8]).reshape(-1, 1)
x_bar = X_train.mean()
print(x_bar)
Variance = ((X_train-x_bar)**2).sum() / (X_train.shape[0]-1)
print(Variance)
print(np.var(X_train, ddof=1))
y_train = np.array([95, 94, 90, 92]).reshape(-1, 1)
y_bar = y_train.mean()
print(y_bar)
covariance = np.multiply((X_train-x_bar) ,
y_train-y_bar.transpose()).sum() / (X_train.shape[0]-1)
print(covariance)
print(np.cov(X_train.transpose(), y_train.transpose())[0][1])
X_test = np.array([9.1, 7.6]).reshape(-1, 1)
y_test = [91, 93]

model = LinearRegression()
model.fit(X_train, y_train)
predict=model.predict(X_test)
r_squared = model.score(X_test, y_test)
print(r_squared)
```

(2)答案如下。

可用矩阵运算法，设 $\boldsymbol{A}=\begin{bmatrix}4 & 9.5 & 1\\7 & 9.3 & 1\\2 & 8.5 & 1\\4 & 8.8 & 1\end{bmatrix}$，模型系数向量 $\boldsymbol{B}=[b_1,b_2,a]^{\mathrm{T}}$，语文成绩向量 $\boldsymbol{C}=[95,94,90,92]^{\mathrm{T}}$。

已知

$$
\begin{aligned}
&\boldsymbol{A}\times\boldsymbol{B}=\boldsymbol{C}\\
&\boldsymbol{A}^{\mathrm{T}}\boldsymbol{A}\boldsymbol{B}=\boldsymbol{A}^{\mathrm{T}}\boldsymbol{C}\\
&\rightarrow(\boldsymbol{A}^{\mathrm{T}}\boldsymbol{A})^{-1}(\boldsymbol{A}^{\mathrm{T}}\boldsymbol{A})\boldsymbol{B}=(\boldsymbol{A}^{\mathrm{T}}\boldsymbol{A})^{-1}\boldsymbol{A}^{\mathrm{T}}\boldsymbol{C}\\
&\rightarrow\boldsymbol{I}\boldsymbol{B}=(\boldsymbol{A}^{\mathrm{T}}\boldsymbol{A})^{-1}\boldsymbol{A}^{\mathrm{T}}\boldsymbol{C}\\
&\rightarrow\boldsymbol{B}=(\boldsymbol{A}^{\mathrm{T}}\boldsymbol{A})^{-1}\boldsymbol{A}^{\mathrm{T}}\boldsymbol{C}\\
&\quad=[0.029,\ 4.73,\ 49.9]^{\mathrm{T}}
\end{aligned}
$$

2. 已知4位同学三门课的成绩和总成绩(单位：分)，列出矩阵，推算每门课程的绩点。写出成绩矩阵和绩点矩阵，以及矩阵公式和绩点推算过程，若使用梯度下降法，写出代码。

学号	线性代数	大学英语	体育	总成绩
1	67	70	65	67.2
2	83	95	60	80.8
3	89	67	70	80.8
4	91	82	79	86.8

答案如下。

(1)可用矩阵运算法，设

$\boldsymbol{A}=\begin{bmatrix}67 & 70 & 65\\ 83 & 95 & 60\\ 89 & 67 & 70\end{bmatrix}$，绩点向量$\boldsymbol{B}=[b_1,\ b_2,\ b_3]^{\mathrm{T}}$，总成绩向量$\boldsymbol{C}=[67.2,\ 80.8,\ 80.8,\ 86.8]^{\mathrm{T}}$。

已知

$$
\begin{aligned}
&\boldsymbol{A}\times\boldsymbol{B}=\boldsymbol{C}\\
&\boldsymbol{A}^{\mathrm{T}}\boldsymbol{A}\boldsymbol{B}=\boldsymbol{A}^{\mathrm{T}}\boldsymbol{C}\\
&\rightarrow(\boldsymbol{A}^{\mathrm{T}}\boldsymbol{A})^{-1}(\boldsymbol{A}^{\mathrm{T}}\boldsymbol{A})\boldsymbol{B}=(\boldsymbol{A}^{\mathrm{T}}\boldsymbol{A})^{-1}\boldsymbol{A}^{\mathrm{T}}\boldsymbol{C}\\
&\rightarrow\boldsymbol{I}\boldsymbol{B}=(\boldsymbol{A}^{\mathrm{T}}\boldsymbol{A})^{-1}\boldsymbol{A}^{\mathrm{T}}\boldsymbol{C}\\
&\rightarrow\boldsymbol{B}=(\boldsymbol{A}^{\mathrm{T}}\boldsymbol{A})^{-1}\boldsymbol{A}^{\mathrm{T}}\boldsymbol{C}\\
&\quad=[0.6,\ 0.2,\ 0.2]^{\mathrm{T}}
\end{aligned}
$$

(2)使用梯度下降法，代码如下：

```
import numpy as np

beta=np.array([[1], [1], [1]])
epsilon=0.0001
lamda=1
max_loop=1000
n=4
#X 是已经通过 polynomialFeature 方法扩展后的特征空间分别是[1, x1, x2,
x12, x22, x1x2]
X=np.array([[67, 70, 65], [83, 95, 60], [89, 67, 70], [91, 82, 79]])
```

```
y=np.array([[67.2], [80.8], [80.8], [86.8]])

for i in range(max_loop):
    #代价函数的梯度不变
    beta=beta-epsilon*((1./n)*np.dot(np.transpose(X), (np.dot(X,
beta)-y)))
    # 计算代价函数，MSE
    C=(1/2)*np.dot(np.transpose(np.dot(X, beta)-y), (np.dot(X,
beta)-y))+lamda*np.dot(np.transpose(beta), beta)
print(beta)
```

第5章　课后练习答案

已知有如下表所示的8个样本，观察点(1.6,0.3)用KNN模型判断其类别，k=3。要求：

(1)算出观察点到每个测试集样本的欧几里得距离；

(2)列出前k个近邻的序号；

(3)写出KNN分类的Python代码。

ID	x	y	类别
1	0	0	0
2	0.1	0.3	0
3	0.2	0.1	0
4	0.2	0.2	0
5	1	0	1
6	1.1	0.3	1
7	1.2	0.1	1
8	1.2	0.2	1

答案如下。

(1)观察点到每个测试集样本的欧几里得距离如下表所示。

ID	x	y	与观测点距离
1	0	0	1.63
2	0.1	0.3	1.5
3	0.2	0.1	1.41
4	0.2	0.2	1.4
5	1	0	0.67
6	1.1	0.3	0.5
7	1.2	0.1	0.45
8	1.2	0.2	0.41

(2)8、7、6。

(3)源代码(task1.py)如下。

```
# -*- coding: utf-8 -*-
"""
Created on Fri Apr 10 14: 23: 34 2020

@author: 123
"""

import numpy as np
from sklearn.neighbors import KNeighborsClassifier
from collections import Counter

X_train = np.array([
    [0, 0],
    [0.1, 0.3],
    [0.2, 0.1],
    [0.2, 0.2],
    [1, 0],
    [1.1, 0.3],
    [1.2, 0.1],
    [1.2, 0.2]
    ])
y_train = [0, 0, 0, 0, 1, 1, 1, 1]

X_test = np.array([
    [1.6, 0.3]
    ])
y_test = [1]

K = 3
clf = KNeighborsClassifier(n_neighbors=K)
clf.fit(X_train, y_train)
predictions = clf.predict(np.array(X_test))
print('Predicted class: %s' % predictions)
print('Actual class: %s' % y_test)

x = np.array([[1.6, 0.3]])
```

```
    distances = np.sqrt(np.sum((X_train-x)**2, axis=1))
    print(distances)

    nearest_neighbor_indices = distances.argsort()[: 3]
    print(nearest_neighbor_indices)
    nearest_neighbor_genders = np.take(y_train, nearest_neighbor_
indices)
    print(nearest_neighbor_genders)

    b = Counter(np.take(y_train, distances.argsort()[: 3]))
    print(b)
    c = b.most_common(1)[0][0]
    print(c)
```

第 6 章　课后练习答案

现已知有以下学习数据，该数据是课程《数据结构》的过程性考核成绩和最终成绩，现观测到某生最终成绩为 82 分，1/4 考试成绩为 92 分，1/2 考试成绩为 82 分，4/4 考试成绩为 78 分，估算其 3/4 考试成绩区域，设[75,80)为 D 区，[80,85)为 C 区，[85,90)为 B 区，[90,95]为 A 区)。

序号	1/4 考试	1/2 考试	3/4 考试	4/4 考试	最终
1	93	86	78	83	85
2	83	76	75	78	80
3	88	76	75	78	80
4	90	93	92	95	91
5	88	78	80	83	86
6	92	87	82	78	84
7	90	92	87	83	86

答案如下。

设观测到的某生特征为$[x_0,x_1,x_2,x_3]$，$x_0=92$，$x_1=82$，$x_2=78$，$x_3=82$，计算 $P(A|x)$、$P(B|x)$、$P(C|x)$、$P(D|x)$：

$$P(D|x)=P(D)P(x_0|D)P(x_1|D)P(x_2|D)\ P(x_3|D)$$

$$=3/7\times P(x_0=92|D)\times P(x_1=82|D)\times P(x_2=78|D)\times P(x_3=82|D)$$

$$P(x_0=92|D)=\frac{1}{\sqrt{2\pi\times 25}}\exp\left[\frac{(92-88)^2}{2\times 25}\right]=0.0579$$

$$P(x_1=82|D)=\ 0.0621$$

$$P(x_2=78|D)=0.1162$$
$$P(x_3=82|D)=0.1369$$
$$P(D|x)=2.45\times10^{-5}$$
$$P(C|x)=5.12\times10^{-6}$$

$P(B|x)=0$（其中因为方差为 0，所以δ^2要做平滑处理，δ^2+epsilon）；
$P(A|x)=0$（其中因为方差为 0，所以δ^2要做平滑处理，δ^2+epsilon）。
因此，最后预测该生在 3/4 次考试的成绩区间为 D 区，即 75～80 分。

第 7 章　课后练习答案

1. 假设有泰坦尼克号幸存者数据如下表所示，根据这些信息画出能否幸存的预测决策树，其中“survived”标签为 1 表示幸存，为 0 表示未幸存。

编号	pclass（船舱等级）	gender（性别）	age（年龄）	survived（是否幸存）
1	3	1	22	1
2	1	0	38	1
3	3	0	26	1
4	1	0	35	1
5	3	1	35	0

答案：根节点熵：$H(x)=-\left(\frac{4}{5}\log_2\frac{4}{5}+\frac{1}{5}\log_2\frac{1}{5}\right)=0.7219$。

检测	父节点熵	左子节点熵	右子节点熵	加权平均	IG
pclass	0.7219	0	0.9183	0.92×(3/5)=0.552	0.17
gender	0.7219	0	1	0+1×(2/5)=0.4	0.3219
age	0.7219	0	0.9183	0.552	0.17

选择增益大的 gender 特征为构建决策树的根节点，如下图所示。

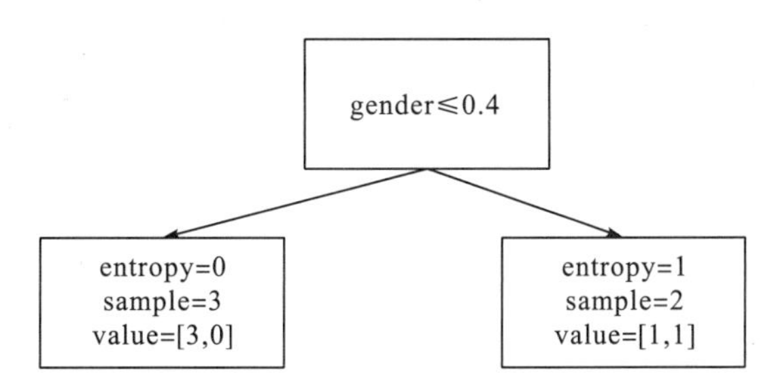

检测	父节点熵	左子节点熵	右子节点熵	加权平均	IG
pclass	1	0	1	1	0
age	1	0	0	0	1

从 pclass 和 age 中选择 age，构建下一层决策树，如下图所示。

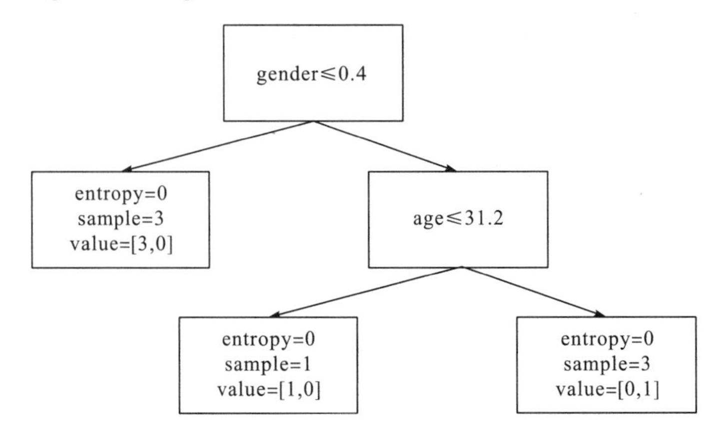

第 8 章　课后练习答案

1. 现有 3 层 MLP，分别是 2×2×1 结构，如下图所示。有样本向量[0.8,0.3]，响应变量真实值为 0.5，当前网络权重值和偏差如下表所示，设学习速率为 1，计算第一轮的权重调整。

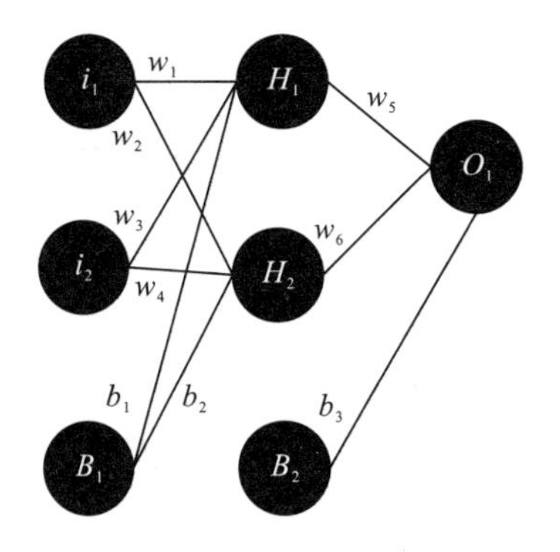

权重	值
w_1	0.4
w_2	0.3
w_3	0.8
w_4	0.1
w_5	0.6
w_6	0.2
b_1	0.5
b_2	0.2
b_3	0.9

答案如下。

第一轮权重调整。

(1)前馈：

$\bar{h}_1=w_1\times i_1+w_3\times i_2+b_1=0.4\times0.8+0.8\times0.3+0.5=1.06$；

$h_1=\mathrm{sig}(1.06)=0.74$；

$h_2=0.625$；

$o=0.813$。

(2) $\varepsilon_o=-2\times(0.5-0.813)\times0.813\times(1-0.813)=0.095$。

(3) $\varepsilon h_1=h_1\times(1-h_1)\times\varepsilon_o\times w_5=0.74\times(1-0.74)\times0.095\times0.6=0.011$。

(4) $\varepsilon h_2=h_2\times(1-h_2)\times\varepsilon_o\times w_6=0.625\times(1-0.625)\times0.095\times0.2=0.004$。

(5)更新权重：

$w_5=w_5-1\times\varepsilon_o\times h_1=0.6-1\times0.095\times0.74=0.5297$；

$w_6=w_6-1\times\varepsilon_o\times h_2=0.2-1\times0.095\times0.625=0.141$；

$w_1=w_1-1\times\varepsilon h_1\times i_1=0.4-1\times0.011\times0.8=0.39$；

$w_2=w_2-1\times\varepsilon h_2\times i_1=0.3-1\times0.004\times0.8=0.2968$；

$w_3=w_3-\varepsilon h_1\times i_2=0.8-0.011\times0.3=0.7967$；

$w_4=w_4-\varepsilon h_2\times i_2=0.1-0.004\times0.3=0.0988$。

2.试编写 3-n-1 的反传 MLP 神经网络求解 3 输入双极性 XOR 问题，训练数据矩阵如下，其中前三列是输入，最后一列是输出。每一行表示一个期望的输入-输出对。尝试 n=3、n=5 和 n=7 的结果，并计算前十次训练周期每次网络的平均平方误差(MSE)：

$$\mathrm{MSE}=\frac{1}{m}\sum_{j=1}^{m}(y_j-x_j)^2$$

其中，y_j 为真实输出，x_j 是样本 j 的网络输出，m=8。

$$\begin{bmatrix} -1 & -1 & -1 & -1 \\ -1 & -1 & 1 & 1 \\ -1 & 1 & -1 & 1 \\ -1 & 1 & 1 & -1 \\ 1 & -1 & -1 & 1 \\ 1 & -1 & 1 & -1 \\ 1 & 1 & -1 & -1 \\ 1 & 1 & 1 & 1 \end{bmatrix}$$

答案：具体代码见 chapter08-test0801.py，计算结果如下：

n=3，MSE= 2.0；

n=5，MSE= 1.5；

n=7，MSE= 1.5。

第9章 课后练习答案

用 sklearn 自带的 load_digits()手写数字数据集，训练 SVC 模型，并观察不同核函数的性能差异。

答案：代码见 chapter09-test0901.py。

径向基核函数性能如下图所示。

	precision	recall	f1-score	support
0	1.00	1.00	1.00	31
1	0.95	1.00	0.97	35
2	1.00	1.00	1.00	34
3	1.00	1.00	1.00	42
4	1.00	1.00	1.00	41
5	0.98	0.98	0.98	46
6	0.97	1.00	0.99	36
7	1.00	1.00	1.00	34
8	1.00	0.94	0.97	33
9	1.00	0.96	0.98	28
accuracy			0.99	360
macro avg	0.99	0.99	0.99	360
weighted avg	0.99	0.99	0.99	360

线性核函数如下图所示。

	precision	recall	f1-score	support
0	0.97	1.00	0.98	31
1	0.95	1.00	0.97	35
2	1.00	1.00	1.00	34
3	0.98	1.00	0.99	42
4	1.00	1.00	1.00	41
5	0.98	1.00	0.99	46
6	1.00	0.97	0.99	36
7	1.00	1.00	1.00	34
8	1.00	0.91	0.95	33
9	0.96	0.93	0.95	28
accuracy			0.98	360
macro avg	0.98	0.98	0.98	360
weighted avg	0.98	0.98	0.98	360

多项式核函数如下图所示。

	precision	recall	f1-score	support
0	0.97	1.00	0.98	31
1	0.95	1.00	0.97	35
2	1.00	1.00	1.00	34
3	1.00	1.00	1.00	42
4	1.00	1.00	1.00	41
5	0.98	0.98	0.98	46
6	0.97	0.97	0.97	36
7	1.00	1.00	1.00	34
8	1.00	0.94	0.97	33
9	1.00	0.96	0.98	28
accuracy			0.99	360
macro avg	0.99	0.99	0.99	360
weighted avg	0.99	0.99	0.99	360

第 10 章　课后练习答案

使用 sklearn 自带的鸢尾花数据集 load_iris，通过 K 均值算法对其进行聚类，写出代码，并画出数据集样本中花瓣的聚类图，以花瓣长度(petal length)为 x 轴，花瓣宽度(petal width)为 y 轴。

答案：代码参见 chapter10-test1001.py。聚类图如下图所示。

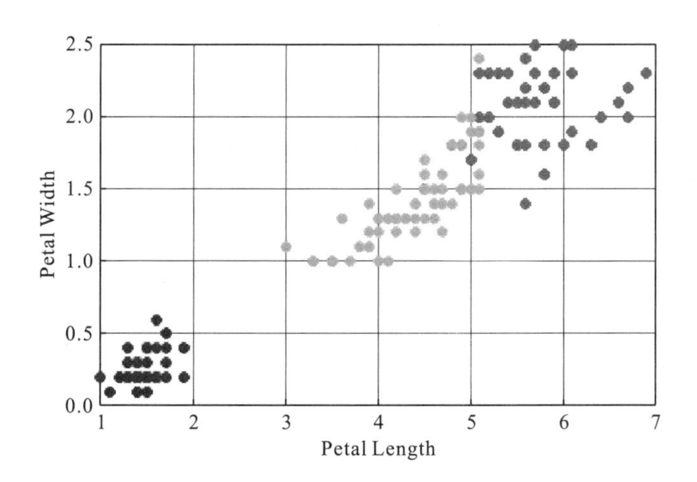

第 11 章　课后练习答案

用 PCA 模型对 sklearn 自带的 load_iris()鸢尾花数据集进行降维操作，写出其协方差矩阵 $\boldsymbol{C}$、$\boldsymbol{C}$ 的特征矩阵和特征向量，以及坐标系基 $\boldsymbol{P}$ 矩阵，并画出 components=2 时的数据散点图。

答案如下。

绘图代码参见 chapter11-test1101.py。

$$\boldsymbol{C}=\begin{bmatrix}0.68112222 & -0.04215111 & 1.26582 & 0.51282889\\ -0.04215111 & 0.18871289 & -0.32745867 & -0.12082844\\ 1.26582 & -0.32745867 & 3.09550267 & 1.286972\\ 0.51282889 & -0.12082844 & 1.286972 & 0.57713289\end{bmatrix}$$

特征值= [4.20005343，0.24105294，0.0776881，0.02367619]

$$\text{特征向量}=\begin{bmatrix}0.36138659 & -0.65658877 & -0.58202985 & 0.31548719\\ -0.08452251 & -0.73016143 & 0.59791083 & -0.3197231\\ 0.85667061 & 0.17337266 & 0.07623608 & -0.47983899\\ 0.3582892 & 0.07548102 & 0.54583143 & 0.75365743\end{bmatrix}$$

$$\boldsymbol{P}=\begin{bmatrix}0.36138659 & -0.08452251 & 0.85667061 & 0.3582892\\ -0.65658877 & -0.73016143 & 0.17337266 & 0.07548102\end{bmatrix}$$

散点图如下图所示。

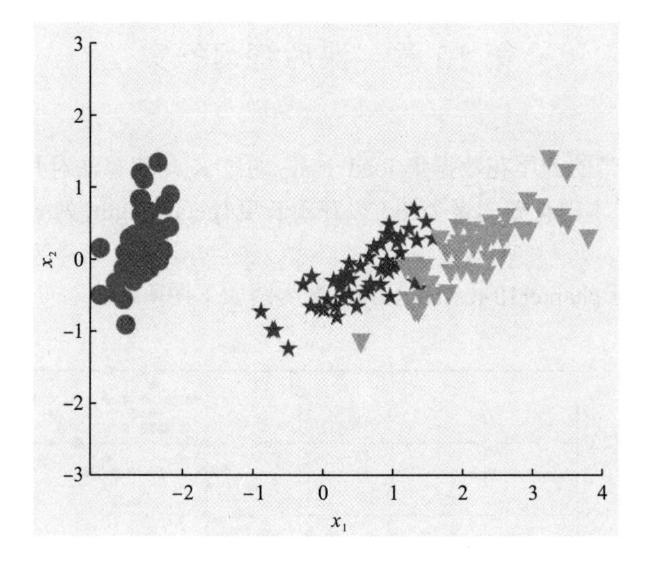

参考文献

Breiman L，1984. Classification and Regression Trees [M]. London：Routledge.

Freund Y， Schapire R E，1995. A decision-theoretic generalization of online learning and an application to boosting[C]. 2nd European Conference on Computational Learning Theory：23-37.

Hinton G E，Salakhutdinov R R，2006. Reducing the dimensionality of data with neural networks [J]. Science，313(5786)：504-507.

Quinlan J R，1986. Induction of decision trees[J]. Machine Learning，1(1)：81-106.

Quinlan J R，1993. C4.5：Programs for Machine Learning[M]. San Francisco: Morgan Kaufmann Publishers.

Wing J M，2006. Computational thinking[J]. Communications of the ACM，49(3): 33-35.